中国电建集团西北勘测设计研究院有限公司
西北水利水电工程有限责任公司

水工隧洞绿色建造

周彩贵 白雪源 李树武 等著

SHUIGONG SUIDONG LÜSE JIANZAO

黄河水利出版社

内 容 提 要

本书全面总结了水工隧洞绿色建造的概念和内涵，并针对水工隧洞的建造对环境影响和负效应的评价进行了调查分析，以典型工程为例，给出了一套适合高寒高原水工隧洞工程地质环境负效应评价指标体系，分别从水工隧洞的选线、绿色施工以及生态修复，引出了水工隧洞绿色建造，同时结合相关科研项目成果，给出了一套适合水工隧洞的绿色施工评价体系。

本书可供水利、隧道相关专业技术人员阅读、参考。

图书在版编目(CIP)数据

水工隧洞绿色建造/周彩贵等著. —郑州：黄河水利出版社，2022.12

ISBN 978-7-5509-3485-6

Ⅰ.①水… Ⅱ.①周… Ⅲ.①水工隧洞-隧道施工-无污染技术-研究 Ⅳ.①V672

中国版本图书馆 CIP 数据核字(2022)第 246540 号

策划编辑：杨雯惠　电话：0371-66020903　E-mail：yangwenhui923@163.com

出 版 社：黄河水利出版社　网址：www.yrcp.com

地址：河南省郑州市顺河路黄委会综合楼 14 层　邮政编码：450003

发行单位：黄河水利出版社

发行部电话：0371-66026940、66020550、66028024、66022620(传真)

E-mail：hhslcbs@126.com

承印单位：河南瑞之光印刷股份有限公司

开本：787 mm×1 092 mm　1/16

印张：9.25

字数：161 千字

版次：2022 年 12 月第 1 版　印次：2022 年 12 月第 1 次印刷

定价：56.00 元

前　言

随着社会经济的发展，跨流域、跨区域调水、引水工程成为解决水资源不均衡、工农业生产缺水等问题的重要举措。隧洞是调水、引水工程的主要建筑物之一。

自实施西部大开发战略以来，国家加大了对西部地区基础设施和生态环境建设的投资力度。2000年10月，中共中央十五届五中全会通过的《中共中央关于制定国民经济和社会发展第十个五年计划的建议》（简称《建议》），把实施西部大开发、促进地区协调发展作为一项战略任务。《建议》强调：实施西部大开发战略、加快中西部地区发展，关系经济发展、民族团结、社会稳定，关系地区协调发展和最终实现共同富裕，是实现第三步战略目标的重大举措。在此背景下，国家连续制定了一系列政策和措施，以加快基础设施建设，其中坚持把水资源的合理开发和有效利用放到突出位置、搞好生态环境建设和保护，作为改善民生、实现可持续发展的重要内容。国家为解决西部高寒地区水资源匮乏问题，大力实施兴水战略，引水、调水隧洞工程越来越多。

在2015年西部大开发新开工的30项重点工程中，涉及的水利水电工程有新疆大石门水库工程、甘肃引洮供水二期工程、金沙江乌东德水电站、大渡河双江口水电站。2016年西部大开发新开工的30项重点工程中，涉及的水利水电工程有四川李家岩水库、西藏叶巴滩水电站、青海玛尔挡水电站、四川硬梁包、金沙水电站等。2017年《西部大开发"十三五"规划》也明确了未来几年西部高寒地区的重点水利工程，包括：西藏拉洛水源工程、青海那棱格勒水源工程、甘肃中部生态移民扶贫开发供水工程、青海引大济湟北干渠、青海引大济湟西干渠、甘肃引洮供水二期、青海"三滩"饮水生态综合治理工程等。

以上水工隧洞开挖工程量均较大，其中引洮供水工程属大型跨流域自流引水工程，工程线路长，跨地域范围大，穿越流域多，供水区分散，工程地质条件复杂，初步设计阶段布置隧洞15座，长92.97 km，占全长的84.2%。湟水北干渠二期工程布置隧洞65座，长约89.0 km。由于隧洞施工场地狭小，地质条件的复杂性和多样性，不可预测的风险因素多，周围环境的影响巨大，技术及管理力量难以充分保证，以及对隧洞施工过程的安全风险认识不够客观，安全管理不够科学，安全管理的投入不到位，所以隧洞施工建设中事故频发，形势非常严峻,令人担忧。

同时,尽管西部高寒地区土地资源丰富,但大多地处山区,自然条件普遍较差,可耕土地少、水资源极度短缺,水土流失严重,草地、林地资源遭受严重破坏,加之环境政策滞后,环境立法不够完善,公众参与缺位等客观现实,致使生态环境脆弱,环境保护形势严峻。

根据国家安全监督管理总局公布的隧道类施工安全事故统计,2008—2016年,我国共发生隧道类施工事故62起,死亡人数213人。事故主要类型有塌方、冒顶、爆炸、窒息、透水、模板爆裂、山体滑坡、泥石流、崩塌等,其中塌方占事故总数的67.7%,冒顶占事故总数的9.7%,爆炸占事故总数的8.1%。在区域分布上,甘肃4起,内蒙古3起,青海2起,新疆1起。隧洞安全施工的形势非常严峻。

因此,高寒地区水利水电工程的水工隧洞安全施工及绿色施工技术研究迫在眉睫,如何解决高寒地区复杂地质条件下水工隧洞施工超前地质预报、安全技术、节能、节地、节水、节材和环境保护等问题,提高安全施工技术及管理水平,改善对危险的识别和处理的方法、措施、管理手段,引入并改进建筑行业方兴未艾的绿色施工技术,已成为高寒地区复杂地质条件下施工隧洞安全施工的重要课题。

为了解决高寒地区水工隧洞施工超前地质预报、安全技术、节能、节地、节水、节材和环境保护等问题,提高安全施工技术及管理水平,改善对危险的识别和处理的方法、措施、管理手段,总结经验、提炼成果,促进技术进步,由青海省引大济湟建设管理局(后改为青海省引大济湟建设运行局)牵头,联合西北水利水电工程有限责任公司、中国电建西北勘测设计研究院有限公司、兰州交通大学等单位,依托青海省引大济湟工程,承担了青海省2020年度科技计划项目《高寒地区水工隧洞绿色建造及安全施工关键技术研究及应用》(2020-SF-138)。本书是该研究的部分成果。参与本书编写的人员如下:周彩贵、白雪源、李树武、王毓武、梁庆国、薛小攀、把德龙、李伯平、赵涛、岳建平、王冠平、李建刚。

作　者

2022年10月

目　录

第 1 章　绿色建造的概念与内涵

水工隧洞工程由于涉及线路长、区域广、跨度大，在建设过程中伴随着大量的材料消耗、土石方的开挖和弃土弃渣、临时占用地等，势必对工程区的区域环境产生影响，尤其对工程区的水土保持以及生态环境影响较大，因此水工隧洞绿色建造势在必行。绿色建造是按照绿色发展的要求，通过科学管理和技术创新，采用有利于节约资源、保护环境、减少排放、提高效率、保障品质的建造方式，实现人与自然和谐共生的工程建造活动。建造包括工程规划、设计、施工及试运行整个建设过程。故水工隧洞的绿色建造应该从工程规划选线开始，贯穿至工程运行结束。

工程应遵循“绿色规划、绿色设计、绿色施工”原则。绿色规划应在工程立项阶段编制绿色策划方案，明确绿色设计和绿色施工的各项要求和实施路径。绿色设计应明确主要绿色设计指标和技术措施，绿色设计应重点考虑项目选址和项目结构对环境及水土流失的影响，明确绿色建材选用的技术性能指标。绿色施工应对生态环境保护、资源节约与循环利用、碳排放降低、人力资源节约及职业健康安全等进行总体分析，策划适宜的绿色施工技术路径与措施。结合引大济湟项目，重点就高原高寒地区水工隧洞的选址选线技术以及施工过程中采用的关键绿色施工技术进行总结研究。

引水隧洞绿色建造是在保证工程质量和安全的前提下，考虑引水隧洞的全生命周期，秉持可持续发展理念，着眼于“绿色规划、绿色设计、绿色施工”3方面，基于科学技术进步和管理层次的提升，尽可能地节约资源和保护环境，实现绿色施工要求，完成引水隧洞的绿色工程建设。通过 6 个一级指标和 23 个二级指标构建了水工隧洞绿色建造指标体系，突出了“五节二保护”（节地、节能、节水、节材、节人力及人员保护和环境保护）的绿色理念，其基本理念可进一步凝练为引水隧洞建设过程中力争实现的“环境友好、资源节约、过程安全、品质保证”。

在国家大力推进生态文明建设的政策背景下，倡导绿色施工方法，通过“四节—环保”（节能、节地、节水、节材和环境保护）的实施，使水工隧洞建设与生态环境和谐发展，是水工隧洞实施可持续发展战略的必然途径。尽管西部高寒地区土地资源丰富，但大多地处山区，自然条件普遍较差，可耕土地少、水资源极度短缺,水土流失严重,草地、林地资源遭受严重破坏,加之环境政策滞后,环境立法不成体系,公众参与缺位等客观现实,致使生态环境脆弱,环境保护形势严峻。在国家实施西部大开发战略的政策背景下,西部高寒地区的生态环境压力日益增大,西部高寒地区脆弱的生态环境急需推行绿色施工。

目前,各行业虽然针对资源节约和环境保护出台了一些管理条例,但是尚未有关于水工隧洞绿色施工评价等方面的系统性研究。因此,结合西部高寒地区的地域特点构建一套适用于西部高寒地区的水工隧洞绿色施工的综合评价体系,用于西部高寒地区水工隧洞绿色施工效果的检验评价和指导绿色施工的有效实施,是一个具有重要研究价值的理论与现实课题。

1.1　绿色建造理念

20 世纪 60 年代,保罗·索勒瑞提出了“绿色建筑”的理念,将生态和建筑相结合(杜盛梅,2005)。20 世纪 70 年代开始,发达国家践行绿色建造,在政策法规、标准规范和技术发展等方面积累了丰富的经验。我国绿色建造起步较晚,2006 年建设部发布的《绿色建筑评价标准》(GB/T 50378—2019)定义了“绿色建筑”的概念,即在建筑的全寿命周期内,最大限度地节省资源(节能、节地、节水、节材),保护环境和减少污染,为人们提供健康、适用和高效的使用空间,与自然和谐共生的建筑。

随着绿色建造的快速发展,学者们对绿色建造的理念及内涵进行了深入的研究。例如肖旭文等从绿色建造的指导思想、本质、基本理念、实现途径和实施主体 5 个方面阐释了绿色建造的概念与内涵,分析了绿色建造与绿色施工、绿色建筑的区别与联系,并通过绿色建造的工程实例说明了绿色建造的效果与意义。

绿色建造的研究与应用也从建筑业推行到其他行业。例如,油新华针对盾构工程复杂的地质条件和环境条件,认为绿色建造内涵更为复杂,应强调“环境友好、资源节约、品质保证”的理念,使综合效益最大化”。

孙永福等从多角度对绿色铁路工程的内涵进行了分析,并运用物理-事理-人理的系统方法论,提出了绿色状态、绿色机制、绿色文化的新认知。

基于绿色建造与传统建造的区别,学者们对绿色建造的关键技术进行了广泛的研究。例如,李伟从地铁工程的特殊性出发,系统分析了地铁工程绿色施工的影响因素,阐述了地铁工程绿色施工的管理手段和技术措施,指出了绿色施工技术的创新和发展方向。

张凤兰等提出了绿色施工技术管理及保护措施，并分析了绿色施工可带来的经济效益。

肖旭文通过广泛调研，提出了10项我国绿色建造技术发展的关键技术，包括装配式建造技术、信息化建造技术、地下资源保护及地下空间开发利用技术、楼宇设备及系统智能化控制技术、建筑材料与施工机械绿色化发展技术、多功能高性能混凝土技术、施工现场固体废弃物减量化及资源化技术、清洁能源开发与资源高效利用技术、人力资源保护及高效使用技术。

黄俊等提出绿色隧道的概念，并结合隧道在设计、施工、运维等阶段的关键问题，提出了绿色隧道建造技术的发展方向为装配式建造技术、噪声控制技术、照明节能技术、通风环保技术、智慧管养技术和地热利用技术。

李炜东针对隧洞洞口施工对环境造成的污染和破坏，提出了洞口施工的绿色施工理念和关键技术。

绿色可持续发展是国家发展的重要方向，绿色建造是我国行业贯彻绿色发展理念的重大举措。目前，绿色建造在水工隧洞中的应用还较少，水工隧洞工程作为一种特殊的地下隧道结构，也积极响应行业号召开展绿色建造研究，实现水工隧洞高质量水平提升及可持续发展。

绿色建造包括绿色规划、绿色设计、绿色施工3方面的内容，而“绿色施工”通常指工程项目在实施过程中，通过改善施工技术和优化管理手段，最大限度地节约资源与减少对环境负面影响的施工活动。“绿色建造”与“绿色施工”之间的关系如图1-1所示。

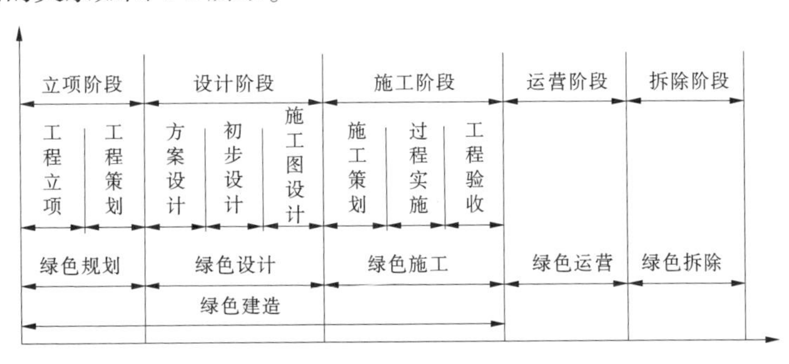

图1-1　绿色建造与绿色施工的关系

1.2　绿色施工评价指标体系

为了综合性评价绿色施工水平及其带来的效益，国内外有关学者构建了多层次、多指标的评价指标体系,并采用适当的评价方法将繁杂的指标信息进行汇集、处理,最终反映评价对象的整体情况。

例如,李邦武等基于 PSR 模型和目标分解法,构建了涵盖 5 项一级指标、26 项二级指标和 55 项三级指标在内的绿色公路施工评价指标体系,并应用于海南省万洋高速公路某标段的土建工程评价,对下一阶段施工提出相应的建议。

王乾坤等为评价装配式项目绿色施工水平,构建了包含资源节约、绿色管理、生态环境、施工技术、效益协调 5 个准则层、29 项指标的绿色施工评价指标体系,通过 AHP-熵权法确定指标权重,并利用灰色聚类综合评价模型对装配式项目进行综合评价,结合实际项目验证后表明该指标体系和评价模型是科学合理的。

李海文等针对青藏高原地区铁路隧道所处的自然环境和隧道施工的特点,建立了包括土壤环境污染防治、固体废弃物污染防治、大气环境污染防治、自然资源破坏防治、资源合理利用、施工人员健康保护 6 个方面的综合评价指标体系,并构建了基于向量夹角余弦-二维云模型的评价模型,对风火山隧道绿色施工水平进行综合评价。

Wenge 等选取了 30 个指标,构成了铁路隧道可持续评价指标体系,包含政策管理、支撑结构与配套设施和区域生态环境 3 项一级指标和 9 项二级指标,通过层次分析法计算了指标权重,比较了学术研究人员和铁路隧道建设者之间相对权重的差异,并利用指标体系对某铁路隧道的可持续性进行评价。

刘瑞等建立了涵盖经济、社会、生态及技术效益 4 个方面、19 项指标的模型,采用熵值修正的 G2 法对指标赋权,对绿色施工节水措施效益进行综合评价。

贾鼎元等针对绿色施工中的节水措施,建立了包括社会、经济、生态及技术效益 4 个方面、19 项评价指标体系,运用组合赋权-向量夹角余弦法对节水措施综合效益进行评价。该方法可以为绿色施工中的高效节水措施提供参考。

现有的评价指标及评价方法主要建立在绿色施工的“四节一环保”基础上,但针对高寒地区特点的绿色施工评价体系,现有研究较少。需构建出适合高寒地区的水工隧洞绿色施工综合评价体系,保护生态自然环境,降低施工期对环境的污染以及能源浪费,从而实现高寒地区引水隧洞的绿色可持续发展。

1.3 水工隧洞施工对环境的影响

地下水通过隧洞施工产生的临空面发生泄露,导致地下水位下降及水资源流失,对环境水文地质条件及周围的生态环境带来不同程度的影响。

刘建等利用负效应评价指标体系对隧道长期疏排水产生的地下水环境负效应进行评价,结果表明隧道排水产生的地下水环境负效应较强,与调查结果显示的地下水位下降等问题一致。

Vincenzi 等对意大利某隧道施工产生的环境负效应进行分析,结果表明隧道排水致使大量地表水和泉点枯竭,致使隧址区生态环境发生巨大破坏。

Raposa 等利用地下水平衡模型分析了地下水环境现状,优化了隧道施工方法和防排水措施,并针对当地隧道施工造成的地下水位下降提出了地下水再补给等一系列控制措施,减小了隧道对地下水环境的影响。

Jiang 等采用 COMSOL 软件模拟分析了地层多尺度各向异性对隧道渗流量的影响。

Arjoni 等采用 ABAQUS 软件模拟分析了不同防排水条件对圆形隧道渗流场的影响。

Chiu 等采用 MODFLOW 软件建立了水文地质模型,模拟隧道长期排水对渗流场的影响。

杨会军等应用岩体非连续介质渗流研究成果,对新七道梁隧道进行了数值模拟,并与实测数据进行了对比。

郭晓亮等在物探法确定隧道涌水高危区域的基础上,采用 FLAC 3D 软件对隧道开挖后的应力变化进行模拟分析,判断开挖后可能发生涌水的位置,为隧道涌水量分析及控制措施提供依据。

朱成伟等基于稳态流控制方程,结合保角变换,推导了适用于任意埋深、考虑注浆圈作用的水下衬砌隧道的渗流场解析解,并研究了隧道埋深、衬砌渗透系数、衬砌厚度等对隧道渗流场的影响。

张雨等建立了水下隧道三维渗流解析模型,推导得出开挖面渗水量及前方地层孔隙水压力计算公式,分析了超前加固厚度、土体与超前加固渗透系数相对值等因素对开挖面前方水压力及渗水量的影响。

黄韬等采用 FLAC 软件建立了膨胀岩隧道围岩系统在雨水入渗情况下的数值模型,研究了雨水入渗对渗流场和应力场的影响。

综上可知,现有的隧道渗流场计算研究成果十分丰富,分析了围岩渗透系数、支护参数、注浆圈参数以及不同防排水条件等诸多因素的影响,但针对钻爆法施工过程中渗流场变化及其对各类影响因素敏感性的研究较少,需进一步研究。

第 2 章　水工隧洞建造对环境影响及负效应评价

2.1　隧址区山体植被及环境影响调查评价

土壤贫瘠与水土流失并存是当前西北地区威胁最大的生态灾害，由于黄土土质疏松并且所在地区降水集中，在降水作用下水土流失严重，水工隧洞的施工不可避免地对土体造成了扰动，破坏了原有的生态平衡。而植被具有改善生态环境、减少水土流失、涵养水源、固土固坡、改善气候、吸毒滞尘等作用，可以说植被具有不可替代的重要作用。为了更好地恢复生态平衡，调查水工隧洞施工所涉及的扰动范围以及如何准确、合理地进行生态评价和恢复成了必不可少的措施。

2.1.1　工程区气象水文情况

根据研究区 3 个气象站同步雨量资料可知研究区多年平均降水量为 330~513 mm。降水的时间分配很不均匀，年内变化较大，主要集中在 6—9 月，占全年总降水量的 70%以上，此时气温较高，雨热基本同季，对农作物的生长较有利，但由于降水量高度集中，特别是 7—9 月的降水有时过多，容易造成部分地区的作物成熟不佳，无法收割甚至出现果实发芽、霉烂、变质等情况。而 3—5 月是农作物播种及幼苗期，但降水量只占全年的 19.8%左右，对农作物生长极为不利，所以春旱频繁。全年中既有春旱也有夏旱，并多雷雨冰雹；年际变化也比较大，最大年降水量为最小年降水量的 2~3.5 倍，如乐都站最大年降水量为 562.9 mm(1961 年)，最小年降水量为 165.7 mm(1966 年)，前者为后者的 3.4 倍。

湟水北岸的洪水都是由暴雨或大雨形成，即使少数沟道的融冰雪洪峰流量也都小于由暴雨形成的洪水，但融冰雪洪水位往往高于汛期洪水位。在洪水调查时，当地群众往往认为春汛大，这主要是由冰面撑托水在冰面上流而造成错觉。由于降水的时空特点加之植被条件差，因而洪水过程陡涨陡落，高峰量不大、历时短，最短的年最大洪水过程历时不足 1 h，暴雨洪水在时间上具有很好的对应性,大多出现在7—9月,洪峰的年际变化大。

2.1.2 调查成果

2.1.2.1 隧址区地表植被发育情况统计

通过对隧址区地表的植被发育情况进行统计,得知植被随海拔的变化十分显著。其中河谷地区水资源便利,多数是以栗钙土为主的各种淤灌,土壤耕作历史悠久,土壤肥沃,加之海拔低、气候温和,主要为人造林,多为四旁林、果树和人工护河林,植被郁茂、品种繁多;浅山地区多为以栗钙土为主的各种土壤,成土因子以第四纪冲积风积黄土为主,局部有第三纪红土,pH多在8.4左右,碳酸钙含量为12.5%左右,有机质含量为2%左右,速效氮、磷含量低,主要以低矮、稀疏的芽、蒿、菊及乔木林为主,海拔越高植被越茂盛,总植被覆盖率在15%左右,其余多为荒山秃林,水土流失相当严重。而脑山地区是全省植被最好的地区,除分布有部分森林灌木丛外,还有广阔的草原草甸,植被地面覆盖率达90%以上。

2.1.2.2 隧洞洞口排水情况

隧洞施工过程中开挖的揭露,致使隧洞周围的高压水体突然向隧洞施工现场涌入。由于涌水发生的突然性和部位的不易判定性,致使其规模和动力特征很难预测,加之施工空间有限,给工程施工带来很大的困难和危害,造成围岩失稳,发生掩埋设备和人身伤亡事故,使工程建设遭受严重损失,影响隧洞的正常施工,也可能对地表生态环境造成短期或长期影响。在隧洞施工过程中对隧洞排水情况进行监测,为摸清工程区域内地表及地下水体的特征提供基础资料。

当隧洞内渗水量超过规定要求时,须采取排水措施,以保证隧道施工安全。隧洞排水设计应综合考虑隧洞清淤和施工、排水设备情况等。根据隧洞的涌水情况,合理安排水泵数量,同时安排好应急排水系统,以应对隧道突然涌水的需求。

2.1.2.3 隧址区地表各类水体水位、流量变化情况

通过调查及现场踏勘,初步圈定了监测点,主要为自然出露地表的,且与当地百姓生活息息相关的泉井、水库等。对于隧洞中线3 km以内的地表水源地,具备以下特征之一的均被列为监测点。

(1)靠地下水补给的天然泉、井,以及有泉水补给的水库。

(2)居民生活主要取水点。

(3)居民反映隧洞修建已发生水量变化的点。

通过监测发现隧洞施工影响到地下水渗流场,使地下水位降低,形成地下水降落漏斗,导致局部区域地表水疏干等,特别是对距离隧洞较近的地下水泉点影响较大,会疏干部分地下水泉点。

2.1.3 工程建设对环境的影响

工程建设对环境的影响形式有两种:一种是即时性的,如噪声、动物活动、生活污水、临时驻地设备存放压占等,对环境的影响是暂时的,随着工程建造的结束而结束;另一种是对环境的影响时间较长的,如便道、渣场等挖掘活动,扰动地表植被和土壤,留下的影响痕迹需通过一段时间才能自然恢复到原始状况,这种影响如果通过回填等人工干预措施,恢复时间会明显缩短。

2.2 高寒高原水工隧洞建造对环境影响分析

青海省地处青藏高原东北部,地形南高北低,气候西部干旱、东部半湿润,具有高海拔、低气温的特点,地貌跨越青藏高原和黄土高原两个阶梯,全省平均海拔 3 000 m 以上,青南高原达 4 000 m 以上,平均气温-5.9~8.7 ℃,气温差异大,垂直变化明显,年平均气温分布呈南北低、中部高之势。由于地处内陆,远离海洋,雨雪偏少,降水量分布不平衡,由东南向西北递减,大部分地区年降水量为 200~500 mm。湿度小,干燥蒸发强烈,湿度从东南至西北逐渐减少。空气稀薄,含氧量仅占海平面的 60%~80%。其独特的高寒高原地理位置使生态环境具有相当大的脆弱性和敏感性。

由于湟水流域地处青藏高原和黄土高原的过渡带上,属高海拔的半干旱地区,又是青海省农牧业的交叉地带,属生态环境的脆弱带和敏感带,很容易受人类活动的影响而发生改变,进而引起其他环境因素变异。长期以来,由于人类活动的深度和广度不断加强和扩大,这里脆弱的生态环境发生着重大变化。主要表现在以下方面:

(1)随着现代工业的发展,工业污染严重。

(2)湟水水环境恶化,供需矛盾突出。

(3)水土流失严重,人为造成新的水土流失仍在加剧。

(4)自然灾害频繁,区域小气候恶化,人口与资源之间的矛盾日趋尖锐等全方位的危机。

目前,受水区环境劣变的趋势仍在加剧,已成为近代青藏高原受人类活动影响最强烈的地区之一。

在水工隧洞施工过程中,由于工程作业不可避免地会改变原有的环境状态,并可能使环境向不利于人类生存的方向发展或造成环境污染,而且这些影响往往是很难恢复甚至是不可恢复的。由于水工隧洞修建于地下,在开挖过程中势必造成周围应力场的改变,造成岩体结构松散及地表水、地下水重新分布,在施工中带来强烈的冲击、震动,以及噪声污染、大气污染、弃渣污染,对施工人员的身体产生危害。

2.2.1 水工隧洞在建设中对水资源的影响

水工隧洞在建设过程中伴随着大量的开挖方和弃土弃渣工程等,势必对水土资源产生影响,其影响主要表现在以下几个方面:一是工程占地及大量填挖方将破坏原地表的水土保持功能,导致地表土层松动、土壤抗蚀性下降,加剧水土流失,从而造成输水沿线及受水地区土地大面积沼泽化、盐碱化。早期的调水工程大多是以灌溉为目的的,如果忽视了排水系统的配套,加之供、输、配水系统的水量损失和蒸发,一旦土壤地下水位超过地下水临界深度,将导致盐类在土层中重新分配和积累,作物根系层盐分浓度聚积,土壤结构破坏,营养元素损失,水土和水盐平衡失调,灌区生态平衡被打破,就会给生态环境带来不良影响。二是施工过程中产生的大量弃土、弃渣为加剧水土流失提供了丰富的物质来源,增强了水土流失强度。三是临时工程对原有地表林草植被的破坏,使地表裸露,大大降低了原有的水土保持功能。

2.2.2 水工隧洞建设对水环境的影响

水工隧洞开挖使得山体原有的水系统平衡被破坏,主要破坏了地下水循环系统。地下水循环系统一旦被破坏,会出现地下漏斗,从而引起地表水源地的枯竭、水质下降,甚至地表塌陷等现象;使土壤含水量下降从而影响植物的正常生长,破坏自然生态平衡。水工隧洞开挖同样可能在以下方面对地表水产生危害:爆破材料产生的废弃产物会随着涌水的排放流入地表对土壤及地表水产生污染;在施工中所使用的开挖设备、钻孔设备、运渣机械、喷锚注浆机械等都会不同程度地产生油污,这些油污随着水工隧洞涌水流入地表水体,使石油类和悬浮物质量浓度升高,污染水体。

2.2.3 水工隧洞建设中粉尘、废气及噪声与震动的影响

水工隧洞施工中对人类影响最直接、最频繁,危害最大的就是粉尘、有害气体。粉尘主要来源于运输材料过程中的道路扬尘、工地装卸材料堆放及施

工过程中的风扬灰尘等。水工隧洞施工期间的运输车辆及施工机械均是大功率的设备,施工期间各种车辆和施工机械在行使和作业过程中要排放大量尾气,而尾气中含有如NO、CO等大量有害成分,严重影响了大气环境。同时水工隧洞开挖过程中揭露出地层中的有害气体,会对施工人员的身体健康及安全造成危害。水工隧洞施工中从效率、经济、技术等各方面来看,钻爆法都是开挖隧洞的主要方法之一。因此,爆破振动效应、爆破噪声和冲击波,就成了水工隧洞施工过程中噪声和振动的主要来源。此外,水工隧洞施工过程中会使用大量机械钻孔设备、支护设备、搅拌和运输设备等,机械使用过程中不可避免地产生噪声污染。水工隧洞施工产生的噪声污染是非常严重的,它除影响水工隧洞建设工人的身心外,也干扰了附近居民的正常生活。

2.2.4　水工隧洞建设对人类生活的影响

调水会涉及较大范围的淹没和移民问题。在实施跨流域调水工程时,免不了要兴建大型水库、输水渠道等,这将造成较大的土地淹没和占压,形成新的移民,这些移民被迫搬迁或重新安置,给安置区增加土地负担;同时,生物圈被打乱,野生生物生存环境被破坏。不同地区调水可能会产生特定的影响,可能因调水引发疾病,如疟疾、脑炎、血吸虫病等,影响人类健康。

通过对高寒高原水工隧洞建造过程中的诸多因素的梳理和对生态环境影响因素的综合分析,认为高寒高原水工隧洞建造对当地植被、土壤、地形地貌和水环境有重大的影响和扰动,施工时需加强环境保护意识和采取有效恢复措施,控制高寒高原水工隧洞建造对生态环境的影响。

2.3　环境影响负效应评价系统总体设计

以水工隧洞施工中地下水环境为研究对象,通过资料调研和现场调查踏勘,研究了水工隧洞施工中地下水环境负效应的概念及形成机制,并在此基础上构建了水工隧洞施工中地下水环境负效应的评价系统。建立了评价模型,并对其评价指标的筛选、指标权重的确定等进行了研究和探索,所取得的成果有助于指导隧洞设计施工和减少隧洞施工中地下水环境负效应,为修建水工隧洞地区水资源可持续发展和隧洞动态设计提供科学依据,从而实现隧洞施工中环境质量全过程控制。

综合考虑自然地理、地质、水文地质以及隧洞工程等相关因素,通过对指标体系结构及其构建原则、作用和方法的总结分析,建立了适用于高寒高原水工隧洞施工中地下水环境负效应评价的指标体系。应用层次分析法确定了评价指标体系中各指标的权重值。应用未确知测度理论构建地下水环境负效应评价模型,并对各定性评价指标进行量化处理。

2.3.1 评价指标体系的构建

根据贺振霞等的研究内容及水利水电相关规范,列出造成隧道涌水的各项影响因子,从工程地质、水文地质、隧道工程条件 3 个方面建立了隧道地下水负效应评价指标初选体系。经过 Delphi 法的筛选与优化选择 17 个评价指标,构建隧道地下水负效应评价体系,其中有 10 个定量指标和 7 个定性指标,如图 2-1 所示。参照国内外现有的地下水负效应评价等级研究成果(刘志春,2015;刘月,2015),确定了各评价指标等级划分标准,共划分为 5 个效应等级,即 $S=\{S_1,S_2,\cdots,S_5\}$ 分别对应弱(Ⅰ)、较弱(Ⅱ)、中等(Ⅲ)、较强(Ⅳ)、强(Ⅴ)。

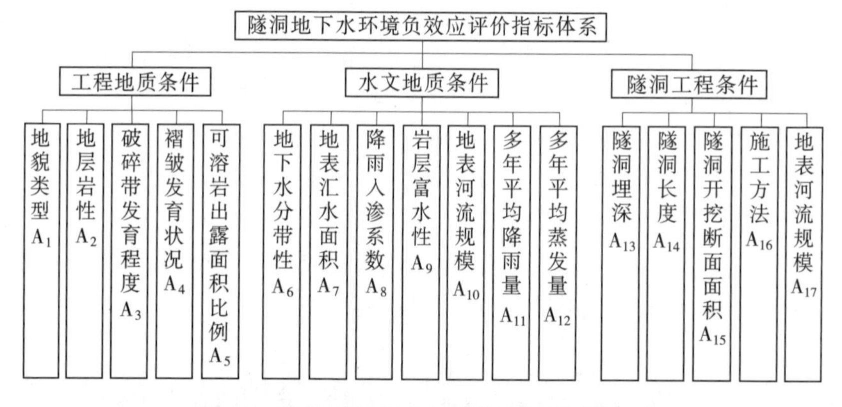

图 2-1 隧洞工程地下水环境负效应评价体系

本次评价采用未确知测度评价法,根据层次分析法(AHP)获得二级权重 ω_i。其中定性指标根据其影响程度的不同进行定量化处理,定量指标则根据所建立的测度函数确定该指标的单指标测度向量。运用专家打分法分别确定一级评价指标的判断矩阵和二级评价指标的判断矩阵,并进行一致性检验,然后计算各层指标的权重向量,进而确定指标层到目的层的权重向量 $\boldsymbol{\omega}$。用所得权重乘以相应的单指标测度矩阵 $\boldsymbol{\mu}_{1ik}$,即可求得该隧洞的加权综合测度评价向量,最后根据未确知测度理论的取值原则确定相应的影响等级,即为建设区域的环境负效应等级。

结合目前普遍被工程界接受的等级划分标准,确定不同评价等级对应的环境负效应表现形式，见表 2-1。

表 2-1　不同评价等级对应的环境负效应表现形式

评价等级	相应环境负效应表现形式
弱（Ⅰ）	隧洞内无出水或仅很少量出水（<1 000 m^3/d），隧洞两侧局部范围（不超过 500 m）内可能出现地下水降落漏斗
较弱（Ⅱ）	隧洞内有少量出水（<3 000 m^3/d），隧洞两侧一定范围（约 1 000 m）内出现地下水降落漏斗引起局部区域地下水位下降
中等（Ⅲ）	隧洞内有较明显涌水（<8 000 m^3/d），隧洞两侧较大范围（约 2 000 m）内出现地下水降落漏斗引起局部区域地下水位下降并伴随出现局部地区地面沉降、地表水流量有所减少和一定数量井泉枯竭
较强（Ⅳ）	隧洞内有明显涌（突）水（<20 000 m^3/d），隧洞两侧大范围（5 000 m）内出现地下水降落漏斗引起区域地下水位下降并伴随出现一定范围地面沉降、岩溶塌陷和地表水流量明显减少及大量井泉枯竭
强（Ⅴ）	隧洞内出现大量涌（突）水（>20 000 m^3/d），隧洞两侧大范围（超 5 000 m）内出现地下水降落漏斗引起区域地下水位明显下降并伴随出现大范围地面沉降、岩溶塌陷、大量地表水及井泉枯竭

2.3.2　各指标内涵说明

2.3.2.1　工程地质条件

工程地质条件由地貌类型、地层岩性、破碎带发育程度、褶皱发育状况、可溶岩出露面积比例等 5 个具体指标共同组成，这些指标从不同侧面反映了出于工程地质原因造成地下水环境负效应的不同方面。褶皱、破碎带发育程度直接影响地下水的流通。褶皱发育较多，破碎发育地带岩体松散、稳定性差，地下水容易进入隧洞。隧洞穿越富水性岩层或裂隙较大的岩性地层时，地下水导水条件良好，发生涌水时涌水量通常较大。可溶岩发育地区生态环境脆弱，大气降水贮存在裂隙中，通过裂隙水流通，可溶岩出露面积越大、地下水越丰富，在该地区建设隧洞产生的环境负效应更加突出。

（1）地貌类型。隧洞涌水与隧洞穿过区地形地貌条件密切相关。按隧洞（纵断面）与地形地貌的关系通常可分为山谷正下方平行型、横贯河流型和其他（如平坦型、凸型等），大量统计资料表明，隧洞穿越以上地形地貌时，隧洞涌水量逐级减少,从而可能产生的环境负效应也越来越弱(刘高,2002)。据此,将隧洞与地形地貌的关系划分为5个等级,具体结果见表2-2。

表2-2 地貌类型划分标准

负效应等级	弱(Ⅰ)	较弱(Ⅱ)	中等(Ⅲ)	较强(Ⅳ)	强(Ⅴ)
地貌类型	其他(如平坦型、凸型)	单斜面型	山谷侧下平行型	横贯河流型	山谷正下平行型

(2)地层岩性。岩性是指反映岩石特征的一些属性,如颜色、成分、结构、构造、胶结物及胶结类型、特殊矿物等。

隧洞涌水量与地层岩性有密切关系,不同岩性地层的裂隙大小、发育程度及连通情况等均有差异,因此导致隧洞穿越不同岩性地层时,其涌水量也出现较大差别,如:当隧洞穿越灰岩、白云岩等可溶岩类时,由于岩溶裂隙管道等的发育,致使地下水容易进入隧洞故而隧洞涌水量通常较大;当穿越变质岩类围岩地段时,隧洞涌水量一般较可溶岩段小;当隧洞穿越较完整的花岗岩等火成岩类时,隧洞的单位涌水量往往较变质岩类少。同样,在沉积岩类中隧洞穿越砂岩等碎屑岩时,涌水量较可溶岩小;穿越泥岩、页岩等黏土岩时,涌水时最小,但当受断裂带影响时也可能会出现较大的涌水量,应另当别论。因此,按照地层岩性对隧洞涌(突)水贡献的大小将其分为5级,见表2-3。

表2-3 地层岩性划分标准

负效应等级	弱(Ⅰ)	较弱(Ⅱ)	中等(Ⅲ)	较强(Ⅳ)	强(Ⅴ)
地层岩性	泥岩、页岩、黏土岩	砂岩、细砂岩	风化花岗岩、火成岩	风化变质岩	石灰岩等可溶岩

(3)破碎带发育程度。破碎带主要是指受构造活动影响的岩体结构松散、力学性能恶化和稳定性差的不良地质地带。

破碎带的发育程度直接影响地下水的运移方向和速度,通常情况下,隧洞穿越地层的破碎带越发育,地下水越容易进入隧洞,围岩的稳定性越差,越容易导致环境负效应的发生。按破碎带发育程度的大小将其划分为5个等级,见表2-4。

表2-4 破碎带发育程度划分标准

负效应等级	弱(Ⅰ)	较弱(Ⅱ)	中等(Ⅲ)	较强(Ⅳ)	强(Ⅴ)
破碎带发育程度	完整	较完整	较破碎	破碎	极破碎

(4)褶皱发育状况。褶皱主要分为背斜构造和向斜构造。本书所指的“褶皱发育状况”主要指褶皱发育的形态和是否存在断层、裂隙等导水通道。

褶皱的核部往往发育着较多的节理和裂隙,两翼一般还存在劈理。这些裂隙、节理和劈理的延展方向一般平行于褶皱的轴向。褶皱中有时还发育伴生断层,也一般与褶皱走向大致平行。褶皱中的这些裂隙或断层一旦与地表连通,将成为降水和地表水向下运移的主要通道,长期作用下易导致裂隙张开度的增加、岩石总体强度和结构面摩擦系数的下降。这些变化均会引起围岩应力状态的变化,从而引发岩体应力的调整,表现为隧洞坍塌等地质灾害。本书将隧址区褶皱发育状况分为 5 级,见表 2-5。

表 2-5　褶皱发育状况划分标准

负效应等级	弱(Ⅰ)	较弱(Ⅱ)	中等(Ⅲ)	较强(Ⅳ)	强(Ⅴ)
褶皱发育状况	无褶皱	平缓褶皱	裂隙较发育的褶皱	裂隙发育的褶皱	断层发育的褶皱

(5)可溶岩出露面积比例。指隧洞地区出露的可溶岩面积与隧址区整个面积之比,其计算方法为

$$\alpha = \frac{A_C}{A} \tag{2-1}$$

式中:α 为可溶岩出露面积比例;A_C 为可溶岩出露面积;A 为隧址区总面积。

可溶岩出露面积比例主要影响岩溶地下水的补给强度和方式。在可溶岩大面积裸露区,大气降水可通过各种垂直岩溶形态,大量下渗贮存在裂隙、溶隙和管道等岩溶含水介质中,并以裂隙水或管道水等形式向河谷排泄。一般情况是,可溶岩出露面积愈大愈有利于岩溶地下水的补给,地下水愈丰富,隧洞施工时造成水害的风险就愈大。另外,岩溶发育地区地表往往缺水,生态环境也相对脆弱,在该地区建设隧洞,产生的环境负效应也相应更为突出。将隧洞地区可溶岩出露面积比例分为 5 个等级,见表 2-6。

表 2-6　可溶岩出露面积比例划分标准

负效应等级	弱(Ⅰ)	较弱(Ⅱ)	中等(Ⅲ)	较强(Ⅳ)	强(Ⅴ)
可溶岩出露面积比例	<30%	30%~50%	50%~70%	70%~90%	>90%

2.3.2.2 水文地质条件

水文地质条件由地下水分带性、地表汇水面积、降水入渗系数、岩层富水性、地表河流规模、多年平均降水量、多年平均蒸发量等 7 个具体指标共同组成。多年平均降水量反映当地降水对地下水补给的强弱,降水量越大对地下水的补给越强;多年蒸发量表示大气降水、地下水等因蒸发作用回到大气中,不参与地下水循环作用,可能会使地下水位降低、地下水补给量减少,蒸发量越大环境负效应越小;降水入渗系数一定程度上反映了降水转化为地下水的能力,具体表示为大气降水渗入地下的过程中,实际对地下水起到补给作用的补给量与降水量比值;汇水面积指补给隧洞形成涌水受地下水影响的面积,汇水面积指标值越大,可能积聚的降水就越多,水体进入隧洞的可能性也越大;河流规模反映隧址区影响范围内原本的地下水活跃程度。

(1)地下水分带性。指隧洞所处地下水分带中的位置垂向上可分为表层岩溶带、包气带、季节交替带、浅饱水带、压力饱水带和深部缓流带等 6 个特征带(林传年等,2008);水平方向可分为补给区、径流区和排泄区。

地下水的动态变化实际上是地下水在补给、径流和排泄三个环节上动态平衡后的综合表现。如果隧洞施工影响了地下水的补、径、排条件,结果可能导致区域地下水补给量与排泄量平衡关系失调,致使区域地下水水位持续下降甚至部分地区出现含水层被疏干的情况。如果隧洞地处地下水的补给区,则其建设产生的地下水环境负效应程度要小于其他地区。

表层岩溶带指可溶岩地表的强岩溶化溶隙及溶孔;包气带(垂直下渗带)位于表层岩溶带以下、丰水期区域地下水位以上;季节交替带(过渡带)位于包气带与浅饱水带之间,是季节变化引起的地下水位升降波动的地带;浅饱水带(水平管道循环带)指枯水期地下水位以下、地下河排泄口影响带以上的饱和含水带;压力饱水带在浅饱水带以下即暗河口排水面以下和当地主要河流排水基准面影响带以上的含水带;深部缓流带是在饱水带之下不受当地排水基准面影响并向远方缓慢运动的岩溶水带,一般情况下深部缓流带的岩溶发育较弱,但在大的构造断裂带处亦可形成溶洞或溶蚀断裂带。

按隧洞所处地下水分带中的位置将该指标分为 5 级,见表 2-7。

(2)地表汇水面积。指补给隧洞并形成涌水的地表汇水面积,单位为 km^2。

隧址区地表汇水面积越大,可能汇集的大气降雨就越多,隧洞疏排水造成的影响范围也越广。从“源”这个角度上讲,该指标量值越大,地下水环境负效应就可能更突出。本书结合西北地区多座隧洞地表汇水面积大小将该指标分为5个等级,划分结果见表2-8。

表2-7 地下水分带性划分标准

负效应等级	弱(Ⅰ)	较弱(Ⅱ)	中等(Ⅲ)	较强(Ⅳ)	强(Ⅴ)
地下水分带性	排泄区、包气带、相对隔水层	弱径流区、深部缓流带	弱补给区、季节变动带	强径流区、浅饱水带	强补给区、压力饱水带

表2-8 地表汇水面积划分标准

负效应等级	弱(Ⅰ)	较弱(Ⅱ)	中等(Ⅲ)	较强(Ⅳ))	强(Ⅴ)
地表汇水面积/km^2	<5	5~10	10~20	20~30	>30

(3)降雨入渗系数。大气降水到达地面以后,一部分蒸发返回至大气中或被植物截留,一部分形成地表径流,剩余部分渗入地下。渗入地下的这部分水量并非全部补给地下水,而是在入渗过程中,部分被土壤的蒸发和植物的蒸腾作用所消耗,部分附着于土壤颗粒的表面,余下的一部分真正成为地下水的补给来源。降水入渗系数指一定时期内降水入渗补给量 P_r 与相应降水量 P 的比值,其计算方法如下:

$$\alpha = \frac{P_r}{P} \tag{2-2}$$

式中:α 为降水入渗系数;P_r 为大气降水入渗补给量,mm;P 为降水量,mm。

降水入渗系数可以采用人工模拟降水的试验方法、水量平衡分析法、地中渗透仪测定法和地下水动态资料法等计算(陈引锋,2008)。降水入渗系数经验值见表2-9。

表2-9 降水入渗系数经验值

地层岩性	入渗系数	地层岩性	入渗系数
砂黏土[1]	0.01~0.02	半坚硬岩石(裂隙较多)	0.10~0.15
黏砂土[2]	0.02~0.05	裂隙岩石(裂隙中等)	0.15~0.18
粉砂	0.05~0.08	裂隙岩石(裂隙较大)	0.18~0.20
细砂	0.08~0.12	裂隙岩石(裂隙极深)	0.20~0.25
粗砂	0.12~0.18	岩溶化极弱的灰岩	0.01~0.10
中砂	0.18~0.24	岩溶化较弱的灰岩	0.10~0.15
圆砾(夹砂)	0.24~0.30	岩溶化中等的灰岩	0.15~0.20

续表 2-9

地层岩性	入渗系数	地层岩性	入渗系数
卵石(夹砂)	0.30~0.35	岩溶化较强的灰岩	0.20~0.30
坚硬岩石(裂隙极少)	0.01~0.10	岩溶化极强的灰岩	0.30~0.50

注:1. 相当于亚黏土;

2. 相当于亚砂土。

降水入渗系数从宏观上表达了降水转化为地下水的强弱,是隧洞工程地下水环境负效应评价指标体系的关键因素之一。根据上述不同岩性地层降水入渗系数经验值的分布情况,本书将大气降水入渗系数分为5个等级,具体结果见表2-10。

表 2-10 降水入渗系数划分标准

负效应等级	弱(Ⅰ)	较弱(Ⅱ)	中等(Ⅲ)	较强(Ⅳ)	强(Ⅴ)
降水入渗系数/km²	<0.05	0.05~0.15	0.15~0.25	0.25~0.50	>0.50

(4)岩层富水性。"富水性"这一术语是20世纪50年代从苏联引入的,我国水文地质界沿用至今。早些时候认为钻孔涌水量大则富水性强,涌水量小则富水性弱。随着人们对地下水含水层系统认识的不断深入,对"富水性"也有了新的理解,认为其应该是表征地下水资源的丰富程度(王增银,1987)。

含水层的富水性不仅是决定隧洞是否会发生涌(突)水的基本条件,也是影响涌(突)水大小和突水点是否能够持久的重要因素,隧洞在穿越富水性强的围岩时处于"水源"充沛、导水条件(发育断层张裂隙等水力传导通道)良好的地层施工中易发生"突水"事故,从而影响安全并造成一系列环境负效应。参考王增银对岩层富水性的三级划分标准并适当将其拓展为5级,见表2-11。

表 2-11 岩层富水性划分标准

负效应等级	弱(Ⅰ)	较弱(Ⅱ)	中等(Ⅲ)	较强(Ⅳ))	强(Ⅴ)
岩层富水性/[L/(s·km²)]	<1.0	1.0~3.0	3.0~6.0	6.0~10.0	>10.0

(5)地表河流规模。指隧洞可能影响范围内地表河流流量大小。

按照平水期平均流量河流按大小分为小河(<15 m³/s)、中河(15~150 m³/s)和大河(≥150 m³/s),考虑到隧洞选线时即会最大程度规避大型地表水体,故认为上述划分标准不适宜隧洞地区。结合前人研究成果将隧洞地区可能出现的地表河流规模分为5个等级,见表2-12。

表 2-12　河流规模划分标准

负效应等级	弱(Ⅰ)	较弱(Ⅱ)	中等(Ⅲ)	较强(Ⅳ)	强(Ⅴ)
地表河流规模/(m^3/s)	<0.1	0.1~0.5	0.5~2.0	2.0~10.0	>10.0

(6)多年平均降水量。指隧洞地区 10 年及以上年均降水量的平均值,单位为 mm。其计算方法为

$$P_A = \frac{1}{n}\sum_{i=1}^{n} P_i \tag{2-3}$$

式中:P_A 为多年平均降水量;P_i 为第 i 年年均降水量;n 为统计年数。

大气降水是隧洞突水的基本因素(王勐,2004),通常隧址区地下水主要来自于大气降水补给,降水越丰富,地下水可能接受的补给也越多,因此可能进入隧洞的地下水量亦更充足。将多年平均降水分为 5 个等级,具体划分参考全国多年平均降水量分布情况,划分结果见表 2-13。

表 2-13　多年平均降水量划分标准

负效应等级	弱(Ⅰ)	较弱(Ⅱ)	中等(Ⅲ)	较强(Ⅳ)	强(Ⅴ)
多年平均降水量/mm	<600	600~800	800~1 000	1 000~1 600	>1 600

(7)多年平均蒸发量。指隧洞地区 10 年及以上年均蒸发量的平均值,单位为 mm。其计算方法为:

$$E_A = \frac{1}{n}\sum_{i=1}^{n} E_i \tag{2-4}$$

式中:E_A 为多年平均蒸发量;E_i 为第 i 年年均蒸发量;n 为统计年数。

地下水的排泄方式主要以潜水蒸发和侧向径流为主。由于地下水侧向径流量数据难以获得,故选取多年平均蒸发量来衡量地下水的天然排泄量。在无降水或降水量较小的时节,蒸发作用较强。同时地下水位埋深越浅、包气带岩土的颗粒越细,地下水蒸发作用也会越强。蒸发作用不仅可通过包气带直接引起地下水位的降低,还可通过蒸发损失地表水间接减少地下水的补给量,蒸发作用的强度通常选用多年平均蒸发量来反映。结合前人研究资料,本书将多年平均蒸发量分为 5 个等级,划分结果见表 2-14。

表 2-14　多年平均蒸发量划分标准

负效应等级	弱(Ⅰ)	较弱(Ⅱ)	中等(Ⅲ)	较强(Ⅳ)	强(Ⅴ)
多年平均蒸发量/mm	>800	600~800	500~600	400~500	<400

2.3.2.3　隧洞工程条件

工程地质条件由隧洞埋深、隧洞长度、施工方法、隧洞开挖断面面积、防堵水技术等5个具体指标共同组成,隧洞长度、埋深和防堵水技术主要影响地下水环境,长度越长或埋深越大的隧洞,跨越地形、地质越复杂,含水层越多,对地下水环境的负效应影响越大。隧洞开挖的不同工法、开挖断面面积对围岩的扰动和破坏较大时,会加剧地质灾害发生,引起的负效应影响也随之增大。

(1)隧洞埋深。指隧洞开挖断面的顶部至自然地面的垂直距离。

众多学者研究认为,隧洞埋藏越深,其揭露或影响的含水层往往越多,地下水进入隧洞的概率会越大,相应的隧洞总涌水量和比涌水量也会随之增加,由此而产生的环境问题也越显突出。根据大量隧洞埋深资料统计结果,将隧洞埋深划分为5个等级,见表2-15。

表 2-15　隧洞埋深划分标准

负效应等级	弱(Ⅰ)	较弱(Ⅱ)	中等(Ⅲ)	较强(Ⅳ)	强(Ⅴ)
隧洞埋深/m	>800	600~800	400~600	200~400	<200

(2)隧洞长度。指进出口洞门端墙墙面之间的距离。

一般而言,隧洞延伸越长,穿越的地质体和储水构造就越多,涉及的汇水面积及补给范围亦随之增大。但不同地区的隧洞经过的地质单元及水文地质单元有着显著差异,因而隧洞涌水量并非完全取决于隧洞长度。即便如此,通过隧洞长度这一量化指标仍然可在一定程度上反映隧洞周围水力系统的相互联系和特征,尤其是可作为隧洞可能影响范围的一个感性的概括,由此间接反映出隧洞工程可能造成的地下水环境负效应程度。结合现今隧洞修建的实际情况,将隧洞长度分为5级,见表2-16。

表 2-16　隧洞长度划分标准

负效应等级	弱(Ⅰ)	较弱(Ⅱ)	中等(Ⅲ)	较强(Ⅳ)	强(Ⅴ)
隧洞长度/km	<0.1	0.1~0.3	0.3~1.0	1.0~3.0	>3.0

(3)施工工法。指隧洞施工采用的方法,主要有传统矿山法、新奥法和掘进机法等。

隧洞的施工方法一般有矿山法(又称钻爆法)和掘进机法,其中矿山法又分为传统矿山法和新奥法。传统矿山法又可细分为全断面法、台阶法、台阶分部法、上下导坑法、上导坑法、单侧壁导坑法、双侧壁导坑法、漏斗棚架法等。新奥法是以既有隧洞工程经验和岩体力学理论为基础,将锚杆和喷射混凝土组合在一起作为主要支护手段,通过监测控制围岩的变形,便于充分发挥围岩自承能力的施工方法。掘进机法是利用特制机械刀具切割地层,并经其内部运转系统,以强大的旋转和推进力驱动旋转和前进。

钻爆法因使用炸药爆破产生震动,易扰动围岩,诱生新裂隙或加剧原有裂隙扩张。根据开挖形式的不同,一般是全断面开挖对隧洞围岩产生的扰动最大,其次是台阶法、分部开挖法。新奥法也是采用钻爆技术,但和普通钻爆法相比,新奥法对岩体超挖较少,且利用岩体自身受力情况,将岩体作为支撑结构增加岩体稳定性,因而与普通钻爆法相比,新奥法施工对围岩的扰动更小。掘进机法对围岩扰动少、控制断面准确、无超挖、速度快,是目前世界上长大隧洞施工最有效、最先进的方法之一。本书将隧洞施工工法分成5个等级,用以表征隧洞施工时对围岩的不同扰动程度和对地下水环境负效应的贡献大小,见表2-17。

表2-17　隧洞施工工法划分标准

负效应等级	弱(Ⅰ)	较弱(Ⅱ)	中等(Ⅲ)	较强(Ⅳ)	强(Ⅴ)
施工工法	TBM法	新奥法	钻爆法 分步开挖	钻爆法、 台阶法	钻爆法、 全断面法

(4)隧洞开挖断面面积。指隧洞开挖界限所包围的面积。隧洞开挖之前,围岩处于平衡状态。隧洞开挖后,导致原来的应力平衡遭到破坏,使岩体内部的应力重新分布。隧洞开挖断面面积越大,则对围岩的扰动和破坏越大,隧洞周围岩体的临空面积也就越大,当遇到破碎岩体时易出现冒顶和坍塌等地质灾害。在岩层富水区,地下水的渗漏面积也会随开挖面积的增大而增加,从而降低岩土体的强度和稳定性,尤其在地下水的渗流作用影响下,将会加剧各种工程地质灾害的发生。

将隧洞开挖断面面积分成5个等级,用以表征隧洞建设时对围岩的不同扰动程度和对地下水环境负效应的贡献大小,见表2-18。

表2-18　开挖断面面积划分标准

负效应等级	弱(Ⅰ)	较弱(Ⅱ)	中等(Ⅲ)	较强(Ⅳ)	强(Ⅴ)
开挖断面面积/m^2	<50	50~120	120~250	250~350	>350

(5)防堵水技术。指隧洞采取的防堵水技术和理念。

目前隧洞防排水原则主要分两种:一种是“防、排、堵、截结合,因地制宜综合排放”;另一种是“以堵为主,限量排放”。当隧洞遇到涌(突)水和翻浆冒泥时,常用的堵水方法主要包括预注浆和后注浆。预注浆是结合超前地质预报对可能发生涌(突)水的部位进行预注浆,达到围岩加固和排水的目的。后注浆是在发生了隧洞涌(突)水后,对涌(突)水进行注浆加固和堵水。预注浆和后注浆都是采用注浆工艺进行堵水,二者之间的主要差异体现在注浆时间的选择上,一种是防患于未然,但不确定性和成本可能更高;一种是事后补救,其对环境造成的影响更大。

隧洞防水技术主要有三种类型:一是从围岩、结构和附加防水层入手,体现以防为主的水密型防水(又称全包式防水);二是从疏水、泄水着手,体现以排为主的泄水型或引流自排型防水(又称半包式防水);三是防排水结合的控制型防水。具体又可以分为结构自防水、复合衬砌防水、排水法防水、结构外防水和注浆防水,其中结构自防水即混凝土结构本体防水,它是人为地从材料和施工等方面采取措施,抑制或减少混凝土内部孔隙生成,提高混凝土密实性,从而达到防水的目的。复合式衬砌防水的实质是在初期支护与次衬砌之间铺设一层塑料板(防水板)防水层,使地下水不接触二次衬砌就被有组织地排走。防水法排水主要采取预先排水、开挖排水沟、衬砌内的沟槽排水等方式,将地下水排走,通常与其他排水方法结合使用。结构外防水是为保证地下工程防水的可靠性,一般在结构外表面增加一次防水层。注浆防水使浆液凝固后,充填岩层裂隙达到封堵地下水过水通道、胶结破碎围岩的目的。根据不同防堵水技术(理念)在阻止隧洞涌水性能上的差异,将其分为5个等级,见表2-19。

表2-19 防堵水技术划分标准

负效应等级	弱(Ⅰ)	较弱(Ⅱ)	中等(Ⅲ)	较强(Ⅳ)	强(Ⅴ)
防堵水技术	复合初砌+预注浆	复合初砌+结构外防水(或后注浆)	复合初砌防水	结构自防水	排水

综上,根据隧洞工程地下水环境负效应评价体系和对应环境负效应表现形式,得出评价指标的分级量表,如表2-20所示。

表 2-20　评价指标的分级量表

一级指标	二级指标	各评价指标的负效应等级				
		弱（Ⅰ）	较弱（Ⅱ）	中等（Ⅲ）	较强（Ⅳ）	强（Ⅴ）
工程地质条件	地貌类型	其他（如平坦、凸型）	单斜面型	山谷侧下平行型	横贯河流型	山谷正下平行型
	地层岩性	泥岩、页岩、黏土岩	砂岩、细砂岩	风化花岗岩、火成岩	风化变质岩	石灰岩等可溶岩
	破碎带发育程度	完整	较完整	较破碎	破碎	极破碎
	褶皱发育状况	无褶皱	平缓褶皱	裂隙较发育的褶皱	裂隙发育的褶皱	断层发育的褶皱
	可溶岩出露面积比例/%	<30	30~50	50~70	70~90	>90
水文地质条件	地下水分带性	排泄区、包气带、相对隔水层	弱径流区、深部缓流带	弱补给区、季节变动带	强径流区、浅饱水带	强补给区、压力饱水带
	地表汇水面积/km^2	<5	5~10	10~20	20~30	>30
	降雨入渗系数	<0.05	0.05~0.15	0.15~0.25	0.25~0.50	>0.50
	岩层富水性/[$L/(s \cdot km^2)$]	<1.0	1.0~3.0	3.0~6.0	6.0~10.0	>10.0
	地表河流规模/(m^3/s)	<0.1	0.1~0.5	0.5~2.0	2.0~10.0	>10.0
	多年平均降水量/mm	<600	600~800	800~1 000	1 000~1 600	>1 600
	多年平均蒸发量/mm	>800	600~800	500~600	400~500	<400

续表 2-20

一级指标	二级指标	各评价指标的负效应等级				
		弱（Ⅰ）	较弱（Ⅱ）	中等（Ⅲ）	较强（Ⅳ）	强（Ⅴ）
隧洞工程条件	隧洞埋深/m	>800	600~800	400~600	200~400	<200
	隧洞长度/km	<0.1	0.1~0.3	0.3~1.0	1.0~3.0	>3.0
	施工方法	TBM 法	新奥法	钻爆法分步开挖	钻爆法、台阶法	钻爆法、全断面法
	隧洞开挖断面面积/m^2	<50	50~120	120~250	250~350	>350
	防堵水技术	复合衬砌+预注浆	复合衬砌+结构外防水（或后注浆）	复合衬砌防水	结构自防水	排水

注：负效应等级弱（Ⅰ）、较弱（Ⅱ）、中等（Ⅲ）、较强（Ⅳ）、强（Ⅴ）对应的指标量化值分别为1、3、5、7、9。

2.3.3　负效应评价系统实现

为尝试建立一套科学有效的高寒高原水工隧洞建造对环境影响及负效应评价体系，选择未确知测度评价法作为理论基础。

设 $O_1, O_2, \cdots, O_n$ 代表 n 个待评价的地下水环境负效应的隧道工程，构成集合 $O=\{O_1, O_2, \cdots, O_n\}$，并称为评价对象空间，任取 $O_i \in O(i=1,2,\cdots,n)$，都有 m 个评价指标 $S_1, S_2, \cdots, S_m$，构成集合 $S=\{S_1, S_2, \cdots, S_m\}$，称为评价指标空间，$x_{ij}(i=1,2,\cdots,n;j=1,2,\cdots,m)$ 表示第 i 个洞段 O_i 关于评价指标 S_j 的实测值。对于每一个实测值 x_{ij}，都划分成 q 个负效应评价等级 $C_1, C_2, \cdots, C_q$，构成集合 $E=\{C_1, C_2, \cdots, C_q\}$，称为评价空间。其中 C_k 代表高寒高原水工隧洞地下水环境的第 k 个等级，k 级的负效应弱于 $k+1$ 级。

若 $\boldsymbol{\mu}_{ijk}=\mu(x_{ij}$ 属于 $C_k)$ 代表实测值 x_{ij}，隶属于第 k 个评级等级 C_k 的取值范围，同时满足：

$$0 \leqslant \mu(x_{ij} \in C_k) \leqslant 1 \tag{2-5}$$

$$\mu(x_{ij} \in E) = 1 \tag{2-6}$$

$$\mu\left[x_{ij} \in \bigcup_{l=1}^{k} C_l\right] = \sum_{l=1}^{k} \mu(x_{ij} \in C_l) \tag{2-7}$$

满足式(2-6)称为“归一性”，满足式(2-7)称为“可加性”。满足式(2-5)～式(2-7)则称 μ 为未确知测度，简称测度。$(\boldsymbol{\mu}_{ijk})_{m\times q}$ 称为评价对象 O_i 的单指标测度评价矩阵，表示为

$$(\boldsymbol{\mu}_{ijk})_{m\times q} = \begin{bmatrix} \mu_{i11} & \mu_{i12} & \cdots & \mu_{i1q} \\ \mu_{i21} & \mu_{i22} & \cdots & \mu_{i2q} \\ \vdots & \vdots & & \vdots \\ \mu_{im1} & \mu_{im2} & \cdots & \mu_{imq} \end{bmatrix} \tag{2-8}$$

选择直线型测度函数，确定各个评价对象的单指标测度评价矩阵，计算方法如下式：

$$\left.\begin{aligned} \boldsymbol{\mu}_{ijk} = \mu_k(x_{ij}) &= \begin{cases} \dfrac{-x_{ij}}{d_{k+1}-d_k} + \dfrac{d_{k+1}}{d_{k+1}-d_k} & (d_k < x_{ij} \leqslant d_{k+1}) \\ 0 & (x_{ij} > d_{k+1}) \end{cases} \\ \boldsymbol{\mu}_{ij(k+1)} = \mu_{j(k+1)}(x_{ij}) &= \begin{cases} \dfrac{x_{ij}}{d_{k+1}-d_k} - \dfrac{d_k}{d_{k+1}-d_k} & (d_k < x_{ij} \leqslant d_{k+1}) \\ 0 & (x_{ij} \leqslant d_{k+1}) \end{cases} \end{aligned}\right\} \tag{2-9}$$

式中：d_k 为评价对象实测值区间上分布的点，设第 k 个评价等级的取值区间为$[d_{k-1},d_k]$，实测值从 d_k 升高到 d_{k+1} 时对于第 k 个评价等级的隶属度逐渐降低至 d_{k+1} 时降为 0，相应地对第 k+1 个评价等级的隶属度由 0 增加到 1。

若$\boldsymbol{\mu}_{ik}=\mu(O_i\in C_k)$表示施工洞段 O_i 的高寒高原水工隧洞建设对环境的负效应评价等级属于第 k 等级 C_k 的程度，则

$$\boldsymbol{\mu}_{ik}=\sum_{j=1}^{m}\omega_j\mu_{ijk}(i=1,2,\cdots,n;j=1,2,\cdots,m;k=1,2,\cdots,q)\quad(2\text{-}10)$$

显然有 $0\leqslant\mu_{ik}\leqslant1$ 和 $\sum_{k=1}^{q}\mu_{ik}=1$，所以式(2-10)为 μ_k 的未确知测度，向量 $\{\mu_{i1},\mu_{i2},\cdots,\mu_{iq}\}$ 为多指标综合测度评价向量。

评价空间 E 划分等级的要求适用于置信度识别准则：设有置信度 λO_i 属于 C_l 类的隶属度为 μ_{il} 满足 $\sum_{l=1}^{m}\mu_l^i=1$。若 $C_1>C_2>\cdots>C_q$，计算：

$$k_r=\min\left\{k:\sum_{l=1}^{m}\mu_l^i\geqslant\lambda\quad(k=1,2,\cdots,q)\right\}\quad(2\text{-}11)$$

说明第 i 个隧道洞段 O_i 的施工适宜性等级属于 C_{kr} 等级。实际应用中置信度要求 $\lambda\geqslant0.5$，通常取 0.6~0.7，在此取 $\lambda=0.6$。

为便于计算和构建测度函数图，对定性指标做出如下规定：Ⅰ级取 9 分，Ⅱ级取 7 分，Ⅲ级取 5 分，Ⅳ级取 3 分，Ⅴ级取 1 分。

根据式(2-9)及表 2-20 依次构建高寒高原水工隧洞建造对环境影响及负效应各个评价指标的测度函数图，如图 2-2 所示。

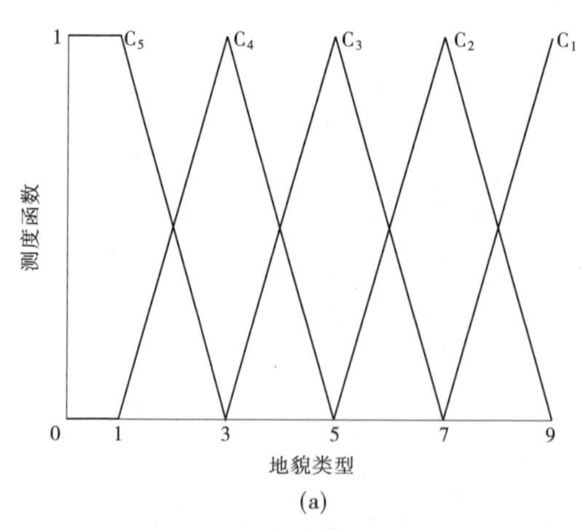

(a)

图 2-2　各项负效应评价指标的测度函数图

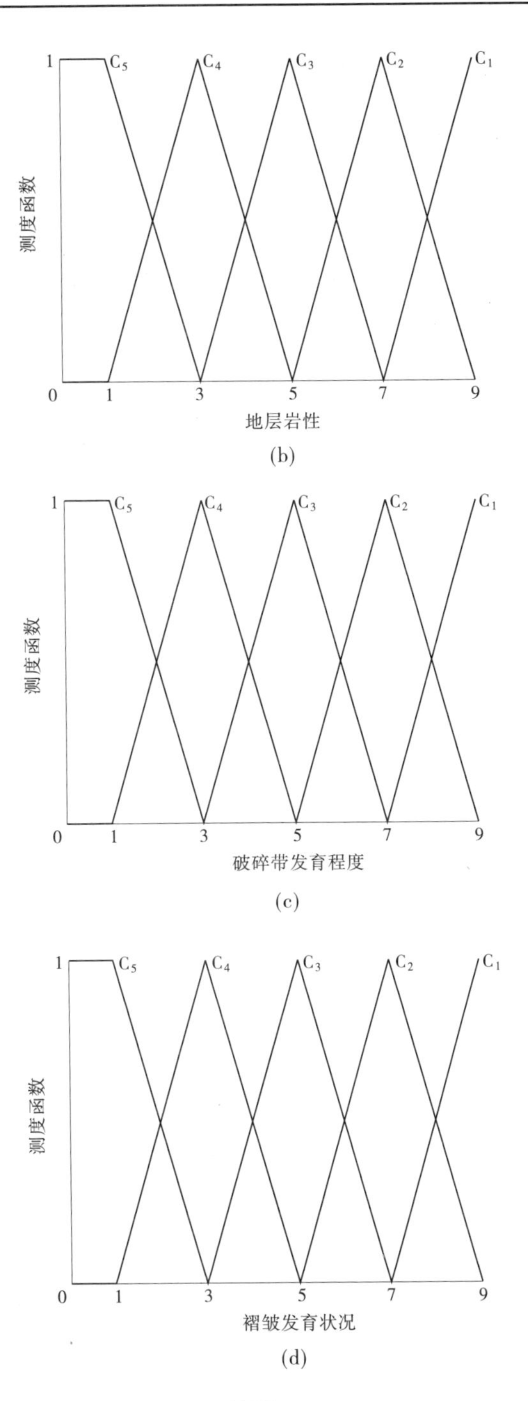

续图 2-2

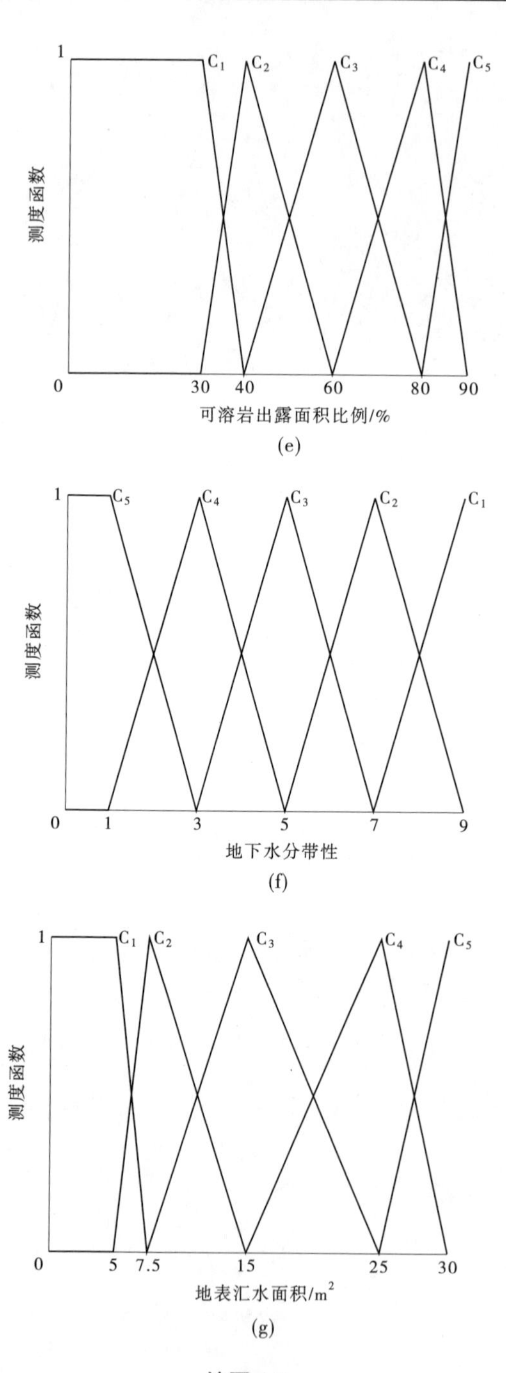
1
C1
C2
C3
C4
C5
测度函数
0
30
40
60
80
90
可溶岩出露面积比例/%
(e)
1
C5
C4
C3
C2
C1
测度函数
0
1
3
5
7
9
地下水分带性
(f)
1
C1
C2
C3
C4
C5
测度函数
0
5
7.5
15
25
30
地表汇水面积/m²
(g)

续图 2-2

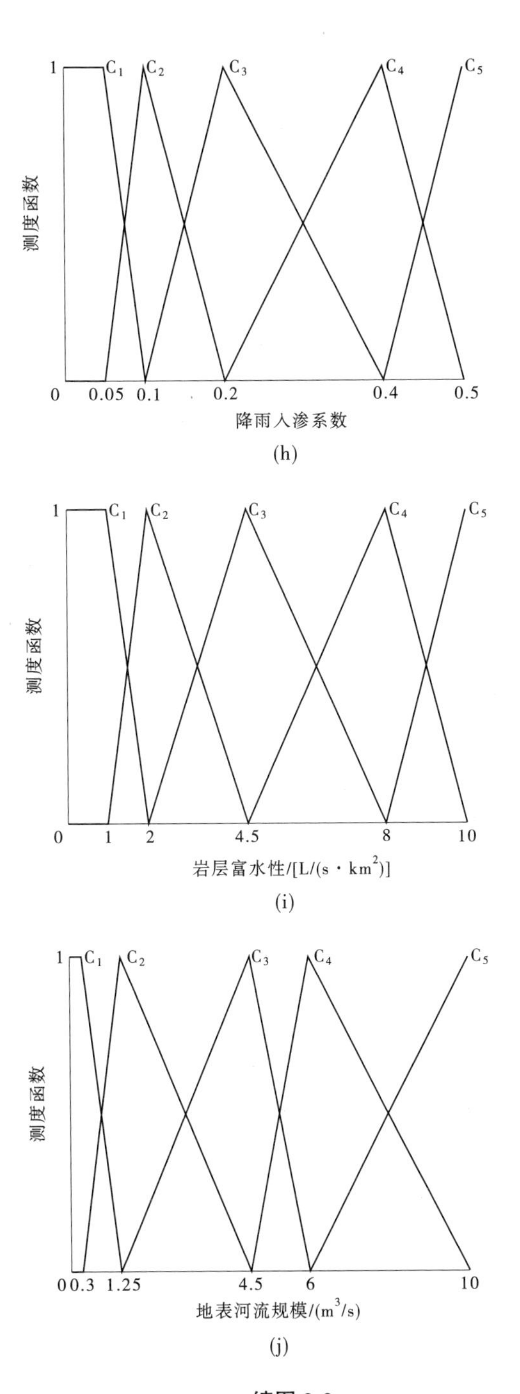
1
C₁
C₂
C₃
C₄
C₅
测度函数
0
0.05
0.1
0.2
0.4
0.5
降雨入渗系数
1
C₁
C₂
C₃
C₄
C₅
测度函数
0
1
2
4.5
8
10
岩层富水性/[L/(s · km²)]
1
C₁
C₂
C₃
C₄
C₅
测度函数
0
0.3
1.25
4.5
6
10
地表河流规模/(m³/s)

(h)

(i)

(j)

续图 2-2

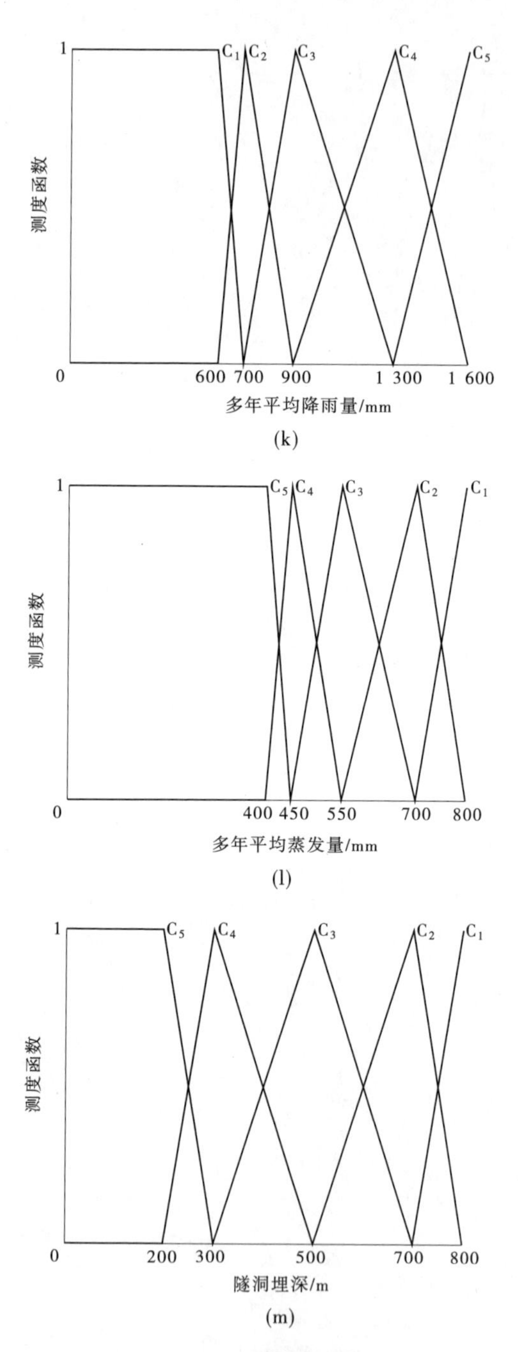
1
C1
C2
C3
C4
C5
测度函数
0
600
700
900
1 300
1 600
多年平均降雨量/mm
1
C5
C4
C3
C2
C1
测度函数
0
400
450
550
700
800
多年平均蒸发量/mm
1
C5
C4
C3
C2
C1
测度函数
0
200
300
500
700
800
隧洞埋深/m

(k)

(l)

(m)

续图 2-2

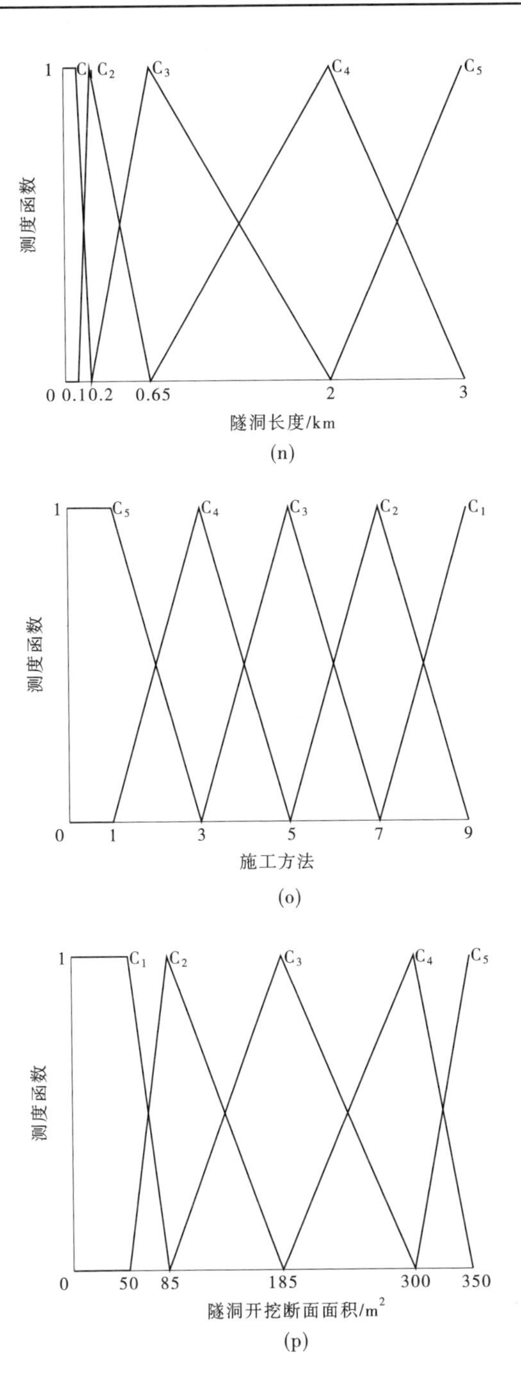
1
C1
C2
C3
C4
C5
测度函数
0 0.1 0.2 0.65 2 3
隧洞长度/km
(n)
1
C5
C4
C3
C2
C1
测度函数
0 1 3 5 7 9
施工方法
(o)
1
C1
C2
C3
C4
C5
测度函数
0 50 85 185 300 350
隧洞开挖断面面积/m2
(p)

续图 2-2

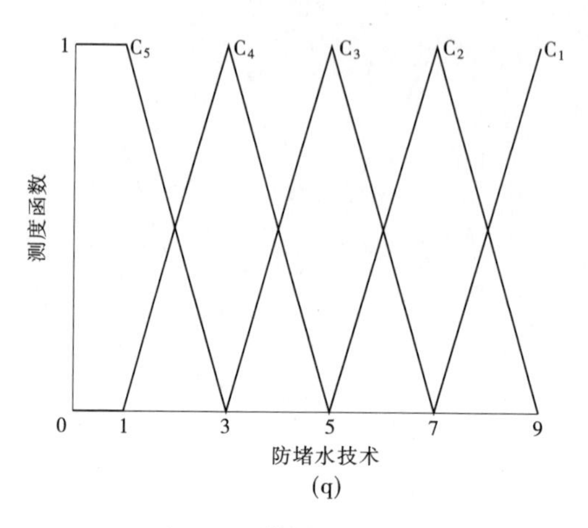

(q)

续图 2-2

确定判断矩阵的具体分析方法:将 n 个评价因素排列成一个 $n×n$ 的矩阵,再把因素两两对比确定相互之间的重要度,并填入判断矩阵的相应位置。若一致性检验通过,则其特征向量就可以作为主观权重,见表 2-21。

表 2-21 两因素重要度比较依据

因素 u_i 和 u_j 相比较	$f(u_i,u_j)$	$f(u_j,u_i)$
u_i 比 u_j 同等重要	1	1
u_i 比 u_j 稍微重要	3	1/3
u_i 比 u_j 明显重要	5	1/5
u_i 比 u_j 强烈重要	7	1/7
u_i 比 u_j 绝对重要	9	1/9
u_i 比 u_j 处于上述两相邻判断之间	2,4,6,8	1/2,1/4,1/6,1/8

根据表 2-21 可得判断矩阵如下:

$$\boldsymbol{P}=\begin{bmatrix} p_{11} & p_{12} & \cdots & p_{1n} \\ p_{21} & p_{22} & \cdots & p_{2n} \\ \vdots & \vdots & & \vdots \\ p_{n1} & p_{n2} & \cdots & p_{nn} \end{bmatrix} \tag{2-12}$$

计算判断矩阵每行元素的乘积 W_i，见式(2-13)：

$$W_i = \prod_{j=1}^{n} p_{ij} \quad (i,j = 1,2,\cdots,n) \tag{2-13}$$

计算 W_i 的 n 次方根 W_{i0}，见式(2-14)：

$$W_{i0} = \sqrt[10]{W_i} \quad (i = 1,2,\cdots,n) \tag{2-14}$$

计算归一化重要度向量 $\boldsymbol{M}$，见式(2-15)：

$$\boldsymbol{M} = \frac{W_{i0}}{\sum_{i=1}^{n} W_{i0}} \quad (i = 1,2,\cdots,n) \tag{2-15}$$

最大特征根计算方法见式(2-16)：

$$\mathrm{CI} = \frac{\lambda_{\max} - n}{n - 1} \tag{2-16}$$

在平均随机一致性指标表中查相应的 CR，则可得 CI/CR。

若 CI/CR 的值小于 0.1，则说明判断矩阵通过了一致性检验，特征向量的各个分量可以作为相应指标的权重系数 ω。

2.3.4　负效应评价结果及分析验证

引大济湟西干渠 32#隧洞出口全长 2 154.02 m，桩号 54+956.88～55+535.97 为 32#隧洞出口前段。位于中高山区，隧洞最大埋深 390 m。桩号 55+535.97～57+089.58 段为 32#隧洞中后段，位于中高山区，隧洞最大埋深 161 m。洞出口地形上陡下缓，边坡下部坡度为 38°～45°，边坡上部坡度为 50°～60°。桩号 54+956.88～55+535.98 洞段围岩为长城系灰白色、肉红色石英岩，节理裂隙发育，隧洞基岩裂隙水较发育，地下水总体活动轻微—中等，大部分隧洞有串珠状至线状流水，断层及其影响带有涌水的可能性。桩号 55+535.98～57+089.58 段局部受构造影响，岩体较破碎，节理裂隙发育。隧洞基岩裂隙水较发育，地下水总体活动中等，大部分隧洞有串珠状至线状流水，断层及其影响带有涌水的可能性(见图 2-3)。

依据引大济湟地质环境背景特点，构建环境负效应评价模型，对引大济湟西干渠 32#隧洞进行评价，其具体的指标实测值见表 2-22。

图 2-3　西干渠 32#隧洞部分照片

表 2-22　引大济湟西干渠 32#隧洞各项评价指标的实测值

地貌类型	山谷正下平行型	强(Ⅴ)
地层岩性	风化变质岩	较强(Ⅳ)
破碎带发育程度	破碎	较强(Ⅳ)
褶皱发育状况	裂隙发育的褶皱	较强(Ⅳ)
可溶岩出露面积比例	<30	弱(Ⅰ)
地下水分带性	强补给区、压力饱水带	强(Ⅴ)
地表汇水面积/ km^2	<5	弱(Ⅰ)
降雨入渗系数	0.30~0.50	较强(Ⅳ)
岩层富水性/[L/(s · km^2)]	<1.0	弱(Ⅰ)
地表河流规模/(m^3/s)	<0.1	弱(Ⅰ)
多年平均降水量/mm	800~1 000	中等(Ⅲ)
多年平均蒸发量/mm	>800	弱(Ⅰ)
隧洞埋深/m	200~400	较强(Ⅳ)
隧洞长度/km	>3.0	强(Ⅴ)
施工方法	新奥法	较弱(Ⅱ)
隧洞开挖断面面积/m^2	<50	弱(Ⅰ)
防堵水技术	复合衬砌+预注浆	弱(Ⅰ)

将表2-22中的数据代入图2-2所确定的未确知测度函数[式(2-10)]可得引大济湟西干渠32#隧洞的单指标测度矩阵$\boldsymbol{\mu}_{1jk}$。

$$\boldsymbol{\mu}_{1jk}=\begin{bmatrix}0&0&0&0&1\\0&0&0&1&0\\0&0&0&1&0\\0&0&0&1&0\\1&0&0&0&0\\0&0&0&0&1\\1&0&0&0&0\\0&0&0&1&0\\1&0&0&0&0\\1&0&0&0&0\\0&0&1&0&0\\1&0&0&0&0\\0&0&0&1&0\\0&0&0&0&1\\0&1&0&0&0\\1&0&0&0&0\\1&0&0&0&0\end{bmatrix}\tag{2-17}$$

结合式(2-13)~式(2-16)可求得各项指标的权重为:ω=(0.110 6,0.059 8,0.084 5,0.041 7,0.031 1,0.122 1,0.048 4,0.069 0,0.024 2,0.033 8,0.094 9,0.018 7,0.088 1,0.067 4,0.047 6,0.033 2,0.024 8)(见表2-23),用所得权重乘以相应的单指标测度矩阵$\boldsymbol{\mu}_{1ik}$,即可求得该隧洞的加权综合测度评价向量$\boldsymbol{\mu}_{1k}$=[0.214 2,0.047 6,0.094 9,0.343 1,0.300 1]。取置信度λ=0.60,按照式(2-11)描述可知$k_r=4$对应的评价等级为Ⅳ级(较强)。符合施工现场对隧洞的实测评价结果。

表2-23 指标权重统计表

指标	权重ω
地貌类型	0.110 6
地层岩性	0.059 8
破碎带发育程度	0.084 5
褶皱发育状况	0.041 7

续表 2-23

指标	权重 ω
可溶岩出露面积比例	0.031 1
地下水分带性	0.122 1
地表汇水面积	0.048 4
降雨入渗系数	0.069 0
岩层富水性	0.024 2
地表河流规模	0.033 8
多年平均降水量	0.094 9
多年平均蒸发量	0.018 7
隧洞埋深	0.088 1
隧洞长度	0.067 4
施工方法	0.047 6
隧洞开挖断面面积	0.033 2
防堵水技术	0.024 8

2.4　本章小结

通过对引大济湟典型隧洞工程的地质环境调查和总结,以现有研究为基础,建立了一套更适合高寒高原水工隧洞工程地质环境负效应的评价指标体系,应用层次分析法与未确知测度理论构建了综合评价模型,最后将该评价体系应用到引大济湟西干渠 32#隧洞段,得出该施工段引起的地下水环境负效应评价等级为Ⅳ级,与实际情况有较好的一致性。

第3章　水工隧洞选线

3.1　水工隧洞选线考虑的因素分析

水工隧洞施工过程中不可避免地会对区域环境造成各种可逆或不可逆的不利影响,常见的环境负面影响主要包括土地(土壤)破坏、大气污染、地表水和地下水水质变差、区域水资源量减少、水土流失加剧、隧道洞渣等固体废弃物污染、生态环境破坏和噪声振动干扰等。

3.1.1　水资源破坏

3.1.1.1　区域水资源破坏(地表水资源和地下水资源水质恶化)

深埋于山体内部的岩石和松散沉积物中包含有许多不规则的空隙,它们是隧址区地下水主要的赋存空间和运移通道,随着隧道掌子面不断向前推进,越来越多的地下水赋存场所和径流通道会不可避免地遭到永久性破坏,尤其是当隧洞揭穿山体中节理裂隙、断层破碎带等主要的含水地层时,会引起隧道涌水量的突然增大,造成水体中的悬浮物含量急剧增加。在隧道施工期间,洞内掌子面钻孔、爆破、工程车辆出渣运输、立架、衬砌喷浆等施工工序和洞外混凝土搅拌站等正常生产过程中会产生大量的施工废水,其中含有运输车辆和施工机械在运转及定期维修保养期间不慎跑、冒、滴、漏的石油类物质等有机物、爆破瞬间产生的 NO_3^- 和 K^+ 等无机成分及山体中的岩石矿物组分与风化溶解产物等有害物质。它们随着隧道洞内涌水等一起排出,进入地表水和地下水系统,使隧址区水质受到严重污染。隧洞建设期间工区生活营地上会产生和排放大量的施工人员的生活洗涤用水,此外在降雨期间工区内的各类生活垃圾、排泄物等固体废物和其他地表工程设施表面附着的 NHA、COD、动植物油和重金属离子等有害物质,在雨水的浸泡和淋滤作用下会通过径流扩散等面源污染途径,进入附近的地表和地下水体,尤其是部分富含有机物和盐类的生活废弃物在厌氧型微生物复杂的作用下被分解成有机氮、氨氮、亚硝酸盐氮和硝酸盐氮,它们是造成隧址区水体富营养化和 DO 含量过少的主要原因。隧道建设区域水质的恶化会阻碍水体复氧作用,影响附近动植物的生存环境,还可能诱发一些人类慢性病和癌症，严重危及当地人群的身体健康。

3.1.1.2　隧洞建设区域内水资源减少

由于隧道建设期间具有显著的集水廊道效应，目前业内针对隧道涌水主要有“以堵为主，限量排放”和“以排为主兼顾防、堵、截”两种处理理念。但不论采用何种手段，隧道涌水的排放都会造成区域地下水位的降低，形成大致上以隧道中轴线为对称轴的条带状疏干漏斗，导致隧址区域水资源量减少。疏干漏斗的形状、影响半径和中心降深与隧洞施工方法、施工时间、喷射混凝土厚度及抗渗性能、地层注浆加固方式等工程因素有着密切的关系。在山岭重丘区等特殊地貌单元地区，由于地面水与地下水之间往往存在着某种联系，使得含水地层渗透性增大，隧址区水位降低和水资源漏失现象更加突出。

3.1.1.3　诱发各类水文地质灾害

隧洞建设过程中的水环境破坏，不仅对隧洞的安全施工构成威胁，而且可能造成工地附近的地表河流流量减小、湿地萎缩、井泉水位下降甚至枯竭消失、土壤流失加剧，极大地抑制了浅根系植被的生长发育，直接导致生态系统退化。此外，隧道疏干漏斗范围内的地面塌陷风险也大大增加，引起房屋开裂、倾斜，迫使周边居民搬迁，造成不可估量的经济损失。

3.1.2　大气污染

隧道洞内开挖掘进时钻孔、爆破、出渣、立架、喷浆和超前支护等作业工序都集中于掌子面，这些工程行为会在掌子面周围产生和集聚大量的 TSP、PM10、PM2.5 等粉尘和 CO、SO_2、THC 等有害气体，通过机械通风或自然通风的方式，自洞口向外扩散。当隧道开挖至含煤系地层等特殊地段时，如果处理不慎还可能出现瓦斯泄漏。除此之外，各种载货车辆和作业设备在运转或维修保养过程中容易导致大量的扬尘逸散，主要包括材料拌和产生的扬尘污染，粉状物料入库和运输引起的扬尘污染，施工载货汽车扬尘污染，水泥、生石灰、粉煤灰、渣土等粉状物料在入库和运输过程中极易诱发扬尘污染。根据有关资料，粉状物料堆放于库房及运输过程中的粉尘污染范围分别为下风向 50 m 和 150 m 的带状空间，由于把它们露天堆放且未采取有效的防尘措施，风速一旦达到 4 m/s，细小的粉尘颗粒就会被刮起而悬浮于空气中；隧洞项目工区载货汽车造成的施工便道扬尘超过工区扬尘总量的一半，其中以无机粉尘为主，伴有少量的铅尘等重金属粉末。特别是遇到大风天气时，以运输土料货车导致的道路粉尘污染更甚可能引起局部范围内的沙尘暴灾害，施工运输车辆和柴油发电机组作业时还会排放大量汽车尾气或机械废气，其中包括 THC、

NO_x、CO等有害成分，它们和施工扬尘相互叠加，给隧址区的空气质量带来严重的不利影响，长此以往会导致鼻腔感染和各类呼吸道疾病，如气管炎、尘肺病和肺气肿等，若进入眼中会引起各种永久性眼疾，严重危及施工人员的身体健康。

3.1.3 噪声污染

随着当前国内工程建设领域现代化、机械化和信息化程度的不断提高，隧道建设期间不可避免地会用到各类施工设备，常见的有挖掘机、推土机、自卸卡车、混凝土搅拌机、钢筋弯曲机、柴油发电机组等。由于机械设备正常运转时，机械部件间存在较大的摩擦力、咬合力、撞击力及非平衡力，从而引起机械部件和外部壳体振动，即形成噪声污染；而且水工隧洞主要采用矿山法开挖，爆破瞬间会产生巨大的噪声，作为一种无形的环境污染，对施工人员的听力损害很大，并且施工期间的噪声多属于非稳态源声强，各种不同频率的声强相互叠加，使人烦躁，降低了劳动生产率，对现场施工人员的身心健康十分不利。在夜间还会影响工区其他人员的睡眠，同时也对隧址区域内村庄中的人及牲畜的作息和正常生活带来极大的影响。

3.1.4 固体废弃物污染

隧洞建设期间产生的主要固体废物包括隧道洞渣、施工营地生活垃圾、少量工业生产废料、预制构件厂遗留的废弃混凝土构件和拆迁产生的建筑垃圾等。由于不同固体垃圾的来源、化学组成和危害差别很大，需要分别采取有效措施，力求做到无害化处理和资源化利用，降低固体废弃物引起的环境污染。

3.1.4.1 隧洞弃渣

隧洞弃渣种类繁多，其矿物成分、力学性能和理化性质与隧道开挖经过的地层关系很大。隧洞弃渣可以认为是块状岩石或风化岩屑与土的混合体。大量的隧洞弃渣如果被随意倾倒或堆积，对环境的负面影响主要包含以下几个方面。第一，侵占土地。不管是设置弃渣场亦或是临时堆渣场，隧道弃渣的堆放都会占用不同生态功能的土地类型，使原生土地资源数量减少，其中的永久性占地部分在隧洞施工结束后也无法恢复。如果弃渣堆放位置靠近河岸，输沙量的激增极有可能占用河道或溪流沟谷，影响河道的正常行洪导流功能。第二，加剧区域土壤侵蚀，导致生态环境恶化。弃渣场布设后，随着源源不断的隧洞道弃渣堆放，会占压和掩埋场区原有地表植被，使得附近的植被数量减少，绿化覆盖率降低。此外隧道施工期间数量巨大的固体弃渣，还扰动了原来的地貌单元和地表稳定性,改变表层土壤的原生结构和化学组分(弃渣淋滤液下渗污染),致使地表渗透性减弱,土壤肥力大大降低,不利于后期的场地生态恢复,而且隧道弃渣本身为当地土壤流失的形成,提供了大量固体松散物质,在暴雨季节或在较强气流冲击的作用下,容易出现水力侵蚀或风力侵蚀现象,加剧区域土壤侵蚀问题,造成工区生态环境功能退化。第三,诱发中小型地质灾害。为了尽量避免侵占农田耕地、河道沟谷,减少对隧址区原有地形地貌的干扰破坏,需设置专门的弃渣场,如果弃渣场的排水结构体系、坡脚挡土墙或人工填方边坡表面的植被防护工程设计不合理,可能会导致滑坡、泥石流和涎流冰等中小型地质灾害,给下游居民的正常生活带来较高的环境地质风险。

3.1.4.2 施工人员生活垃圾

由于隧洞工区的施工人员、行政管理人员和后勤保障人员数量较多,每天会产生和排放大量生活垃圾。其中的无机成分占比超过70%,因此对环境的危害作用相对较小。

3.1.4.3 一般性工业固体废料

在隧洞施工期间,预制构件厂生产过程中的废弃混凝土构件和短钢筋、拆迁过程中产生的建筑垃圾,以及各种车辆、机械运行维保时跑、冒、滴、漏的油污,处理过程中产生的固体浸油废物,如废油纱、浸油木屑等,都属于一般性工业固体废料。和前述的两种固体废物相比,一般性工业固体废料数量虽少,但种类很多,为间歇集中式产生。

3.1.5 生态环境破坏

隧洞建设对生态环境的扰动以施工阶段为主,由于生态环境涉及生物、湿地、景观、土壤等诸多方面,涵盖范围非常广泛,主要包括以下两个方面。

3.1.5.1 水土流失

水土流失是指在各种自然营力和人类干扰作用下,土地生产力降低或水土资源减少的现象,并以表土层的侵蚀为主要特征,已成为隧洞建设过程中最显著的生态问题。由于不同地区隧洞所处的环境地质条件千差万别,区域侵蚀单元和侵蚀营力类型及强度也有所不同。在空间分布上,隧址区的土壤流失通常呈斑块状特征,堆渣场、隧道进出口、临时施工便道和工区生活营地往往是土壤流失最严重的单元。

3.1.5.2 隧洞施工对植物的破坏

隧洞修建过程中的工程占地不可避免,包括各类永久性占地及临时性占地，它们会直接毁坏附近区域原有的林地、灌木及草地，除部分可移栽植物外，占地部分的植被都会消失。此外，隧道洞内开挖爆破、材料拌和、弃渣堆放、车辆运输等各类施工作业行为产生的大量粉尘和有害物质进入大气中，导致区内空气质量变差，植物光合作用暗反应的进行和碳循环受到一定程度的干扰，从而影响了它们的正常生长，降雨期间这些有害物质会随雨水下渗，给附近地表土层和水体带来较大的污染，也会间接对隧址区植物的生长造成干扰。

3.2　地貌选线

工程区包括大板山高山区及其南侧的大通盆地和西宁-民和盆地区。由于新生代以来地壳的频繁运动导致了不同程度的褶皱、断裂的活动和第四纪以来的强烈抬升，从而形成了现今的中高山、丘陵、盆地以及河谷地貌。工作区位于大板山南坡及西宁-民和盆地北侧，大坂山海拔在4 000 m以上，民和盆地的海拔为2 000~2 800 m，湟水河由西向东流经本区地貌上，呈由两侧高山挟持下的山间盆地地貌景观。

根据地貌的成因、形态特征和地质构造的差异，本区可划分为五个不同的地形地貌单元：侵蚀断块中、高山区，山前剥蚀丘陵区，断陷盆地及河谷地区，盆地黄土丘陵区，侵蚀切割的冲沟地貌。

工程区分布有与大板山主脊平行展布的近东西向和垂直的南北向冲沟，海拔在2 500~3 000 m，相对高差为300~600 m，沟谷岸坡相对陡峻，大型沟谷以南北向展布为主。河流有宝库河、东峡、林川、东和、哈拉直沟、红崖子沟、引胜沟、羊官沟、下水磨沟等。大型河谷和沟谷的下游段多为“U”形谷，中小冲沟多呈“V”形，谷沟内比降一般较陡。

3.3　地质选线

工程区位于中祁连中间褶皱带（$Ⅱ_3$）内，该褶皱系又可进一步划分为大板山南坡隆起区和西宁-民和盆地区。大坂山南坡隆起区主要为下元古界的结晶基底和下古生界的基性喷发岩及复理石建造；盆地区则分布有上古生界至三叠系，为地槽期后台型盖层以及侏罗纪至第四纪形成的断陷盆地沉积。区域大地构造单元划分如图3-1。

区域断裂构造发育有北西西向、北北西—北西向、近东西向和北东—北东

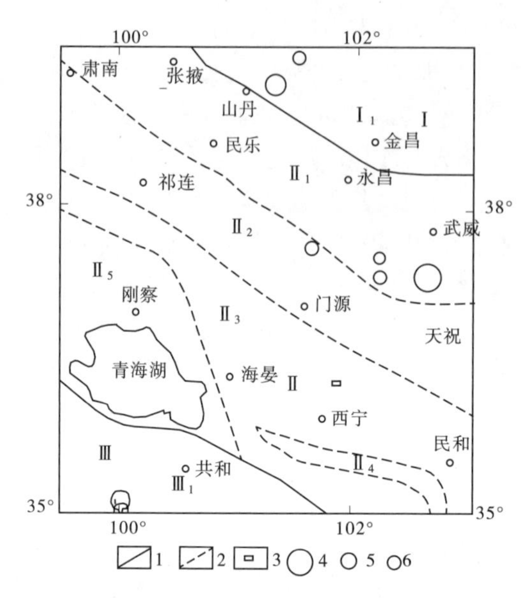

1——一级构造单元；2—二级构造单元；3—场区；4—震中 $M=8.0$；5—震中 $M=7.0\sim7.9$；
6—震中 $M=6.0\sim6.9$；
Ⅰ—中朝准地台；$Ⅰ_1$—阿担善台隆；Ⅱ—祁连褶皱系；$Ⅱ_1$—走廊过渡带；
$Ⅱ_2$—北祁连优地槽褶皱带；$Ⅱ_3$—中祁连中间褶皱带；$Ⅱ_4$—拉脊山优地槽褶皱带；
$Ⅱ_5$—南中冒地槽褶皱带；Ⅲ—秦岭褶皱带；$Ⅲ_1$—青海南山冒地槽褶皱带。

图 3-1　区域大地构造单元划分图

东向四组，其中以北西西向断裂为主，规模大，与区域构造线方向一致。其次是北北西—北西向断裂。这两组断裂活动性强且活动时代较新，是区域内主要孕震和发震构造，主要表现为左旋走滑兼逆冲性质。区域内的断裂按活动时代可分为四组：①全新世断裂：门源盆地北缘断裂；②晚更新世早期断裂：宝库河断裂门源盆地南缘断裂和菜日图河-苏吉滩断裂带；③早更新世断裂：大坂山南缘断裂、大通山断裂、拉脊山南缘断裂；④前第四纪断裂：大坂山北缘断裂、门源盆地南缘断裂。前第四纪断裂，两条大断裂在航片上及地貌上线性特征较差。第四纪以来断裂活动不明显，尤其是断裂所穿过的坡洪积、冲积物未发现变动迹象，因此属非发震断裂，对近场区的构造稳定性无影响。早更新世和晚更新世断裂尽管有过地震活动，但这四条断裂穿过的Ⅰ～Ⅲ级阶地未被错断，结合近场历史地震及弱震资料分析，未来一定时间内发生地震的可能性不大，对近场区构造稳定性影响不大。

3.4　隧洞选线基本要求

隧洞沿工程地质条件欠佳地段穿越应当遵循如下原则：

(1)隧洞轴线尽可能沿山脊穿越，该地段山体相对完整，断裂对山体破坏的概率不大，隧洞通常可沿地下水垂直循环带穿行，受地下水不利影响较小。

(2)无压隧洞轴线沿上覆围岩最小厚度不宜小于洞径的3倍穿越；有压隧洞上覆围岩最小厚度取决于内水压力和岩石的密度等。

(3)隧洞轴线尽可能沿最大主应力方向或以小夹角相交穿越，即沿垂直岩层走向或以大夹角相交穿越，降低地应力不利影响，避免围岩失稳，例如弯曲、折断、岩爆等。

(4)隧洞轴线沿碎屑岩与碳酸盐岩互层岩体地段穿越，应尽可能从相对坚硬岩层下部穿行，降低互层接触带地下水活动频繁、接触面溶蚀起伏大、风化强度高等特点的不利影响，避免围岩失稳，例如塌落、涌水、突泥等。

(5)隧洞轴线尽可能"早进晚出"，即隧洞进口要能尽早推进，隧洞出口则要尽可能晚出，避免隧洞进出口地段地表诸因素的不利影响，例如低洼沟谷风化厚度大、排水困难，导致隧洞施工难度大；陡坡、断崖地应力集中释放快，卸荷裂隙发育，常伴有岩堆、危岩等，危及隧洞施工和运行安全。

(6)隧洞轴线穿越构造断裂带、塑性岩体，尽可能与其走向垂直或以大夹角相交，使得围岩欠稳定洞段尽可能的短，从而降低施工难度和处理长度。

(7)隧洞轴线沿河傍山穿行，其位置尽可能向山侧内移，最大限度地降低不利因素的影响，例如降低遭遇卸荷裂隙充填物涌入隧洞的概率，提高隧洞上覆和侧向围岩最小稳定厚度的可能性。

工程地质条件复杂地段和有生态环境保护要求的区域，应当遵循"利大于弊"的原则予以规避：

(1)隧洞轴线避开生态自然保护区，尽可能减少工程施工和运行给自然生态带来的不利影响和破坏。例如，施工占地、废渣堆放、水土流失等。

(2)隧洞轴线避开地质灾害隐患地段，例如滑坡、崩坍、岩堆、泥石流等，采用隧洞工程绕行来降低其受灾概率。

(3)隧洞轴线避开低矮哑口及冲沟地段，因其往往受地质构造破坏，通常是工程地质条件薄弱处，例如断裂破碎带、塑性岩体分布区、地表水汇流区、地下水排泄区等。

(4)隧洞轴线避开陡坡地段、岩溶地下水径流带及浅埋和深埋岩溶地下水水平循环带地段,避免遭遇涌水、突泥、冒顶等灾害危及施工安全。

(5)隧洞轴线避开山势高、埋深大的地段,因其往往地应力高,隧洞施工中应力释放快,通常会遭遇岩暴和大变形等。

(6)隧洞轴线避开超长隧洞布置,以免加大遭遇不良工程地质问题的频率,增加施工、通风难度等。

渠道线路选择时遵循的四个原则:

(1)尽可能考虑在灌区范围内沿等高线地势相对较高地带,以保证灌区内最大的自流灌溉面积。

(2)尽可能考虑在地质条件较好、土壤渗透性小的地段,以增加渠道岸坡的稳定和减少水量渗漏损失。

(3)渠道线路宜短而避免深挖、高填和穿越村庄等。

(4)节省投资。

3.5　隧洞洞口偏压的控制

偏压隧道是指由地形、地质和施工等各种原因,导致对称的隧道衬砌结构所承受的荷载不同,使得两侧结构受力不对称的地下建筑物。隧道衬砌结构产生偏压的主要原因有地形原因、地质原因和施工原因三大类。地形原因主要是指隧道洞顶土层厚度覆盖较薄,地面横坡坡度显著,多见于隧道洞口地段和傍山隧道浅埋地段;地质原因是指围岩为倾斜层状结构或围岩风化严重,层间乳结力小,围岩稳定性差,伴随有害节理裂隙切割或软弱结构面,围岩呈现出一部分软弱、另一部分完整,在隧道衬砌结构两侧形成不对称荷载造成偏压;施工原因是指在隧道开挖过程中不对称的开挖和各种原因造成的一侧塌方,形成的衬砌结构受荷不对称造成显著偏压。

水工引水隧洞断面尺寸小,发生偏压的主要部位在洞口处,很多学者对隧道洞口偏压进行了研究,主要有蒋树屏等(2006),采用锚杆、棚洞结构和喷射混凝土技术相结合的傍山隧道结构形式,使各结构互为补充,形成完整的结构受力体系和不稳定边坡防护工程,减小隧道开挖时对山体横坡的扰动,并在棚洞顶回填土体,种植植被,绿化了隧道洞口,保护隧道洞口环境;阎亮(2009)讨论了在隧道洞口段开挖时进行地表加固和洞内加固等不同辅助工法的受力特点、加固效果、具体施工要求和适用条件,总结了各种辅助工法的设计参数并形成了"早进洞晚出洞"的指导思想;王雪霁等(2010)探讨了洞口段地形偏压严重时隧道的进洞施工技术问题,提出一种半明半暗法施工偏压隧道洞口的技术方案,分析了半明半暗法隧道进洞过程中施工各阶段结构的受力特点,得出半明半暗法施工偏压隧道洞口应注意开挖时隧道拱肩沉降的结论;姜同虎等(2011)为了防止偏压隧道洞口段在初期支护施工完成后再次出现较大的沉降变形,提出了将组成初期支护的钢架和护拱相连接并增强钢架间的纵向连接筋,来加强初期支护结构整体性的联合支护方案,并将联合支护结构与现存普通支护结构对比分析,得出对于偏压软弱破碎围岩隧道支护结构应加强连接,采用联合支护能够有效控制隧道在初次衬砌施工完成后的再次变形,保证偏压软弱围岩区隧道进洞的施工安全;韩华轩等(2015)为了保证高陡边坡偏压隧道安全开挖,系统地研究高陡偏压隧道洞口设计原则,提出确保不良地质隧道洞口安全的锚固桩、支挡结构、护拱、耳墙等洞口加固的结构措施;袁森林(2016)在偏压隧道洞口耳墙式护拱支护结构的边坡坡脚处采用工程措施处理,增加了护拱平台地基的承载力,增加了护拱内隧道初次衬砌结构的整体性,形成了新的复合式护拱结构,减少了隧道洞口开挖对周边环境的影响,使隧道早进洞施工。所以,需要针对特定的地理、地质和环境条件等,给出相应的洞口偏压加固措施,提高施工效率合理施工。

3.6 本章小结

在充分考虑高原高寒地区引水工程选线影响因素的情况下,结合工程区内地形地貌与地质情况,总结出了高原高寒地区水工隧洞选线的基本要求、原则以及隧洞洞口偏压控制要求。

第 4 章　水工隧洞绿色施工

4.1　水工隧洞钻爆法施工对围岩渗流场影响研究

4.1.1　渗流分析基本理论

水工隧洞施工过程中地下水一般通过排水系统直接排泄,地下水在水压作用下涌入水工隧洞,造成地下水位下降和地下水资源流失等不良环境影响。地下水位变化取决于地下水的补给量与排泄量之间的大小关系,地下水补给量由当地气象水文条件决定,隧洞开挖前地下水的补给和排泄呈动态平衡状态,而水工隧洞开挖增大了地下水排泄量,打破了这一平衡。

水工隧洞钻爆法施工对围岩造成损伤形成开挖损伤区,该区域内的围岩渗透性增强,导致隧洞渗流量增大,加剧地下水环境负效应。采用数值模拟方法建立具有普遍意义的数值计算模型,研究水工隧洞钻爆法施工对渗流场的影响规律,明晰水工隧洞钻爆法施工各个阶段对地下水环境的影响。在此基础上分析渗流场对自然环境、工程地质与水文地质、隧洞施工等各类影响因素的敏感性,为水工隧洞钻爆法施工对围岩渗流场影响分析提供依据。

4.1.1.1　达西定律

达西定律由达西于 1856 年提出,达西通过渗透试验证明:渗流量 Q 与截面面积 A 和水头损失 h 成正比,与渗流路径长度 L 成反比。达西定律可表述为

$$Q = KA\frac{h}{L} \tag{4-1}$$

达西定律的另一种表达形式为

$$V = \frac{Q}{A} = ki \tag{4-2}$$

式中:k 为渗透系数;i 为水力梯度,即沿流程的水头损失率。

达西定律广泛应用于饱和与非饱和土中的渗流计算,在非饱和状态下渗透系数随水体和孔隙水压力的变化而变化。在实际中,很大一部分工程的渗

流属于层流范围,均可采用达西定律进行计算。

4.1.1.2　二维渗流连续方程

取二维渗流连续介质的渗流场中某一单元,如图 4-1 所示,则其面积为

$$S = \mathrm{d}x\mathrm{d}y \tag{4-3}$$

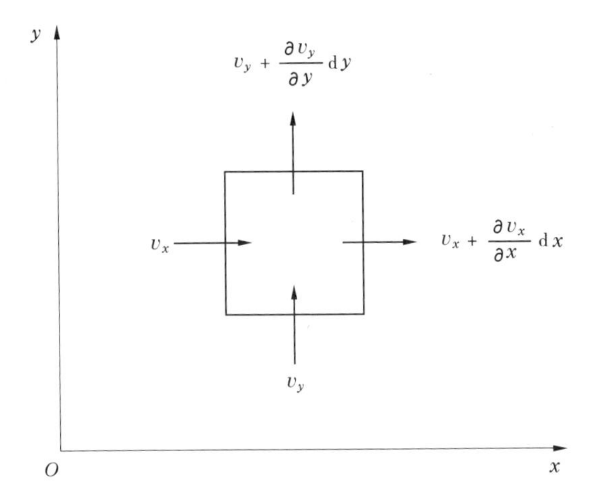

图 4-1　二维渗流连续介质单元渗流示意图

假设沿 x 方向和 y 方向流入该单元的渗流速度分别为 v_x 和 v_y,则单位时间内流入该单元的水量为

$$q_1 = v_x\mathrm{d}y + v_y\mathrm{d}x \tag{4-4}$$

沿 x 方向和 y 方向流出该单元的渗流速度分别为 $v_x+\frac{\partial v_x}{\partial x}\mathrm{d}x$ 和 $v_y+\frac{\partial v_y}{\partial y}\mathrm{d}y$,则单位时间内流出该单元的水量为

$$q_2 = \left(v_x + \frac{\partial v_x}{\partial x}\mathrm{d}x\right)\mathrm{d}y + \left(v_y + \frac{\partial v_y}{\partial y}\mathrm{d}y\right)\mathrm{d}x \tag{4-5}$$

假设流体不可压缩且渗流过程中单元孔隙大小不变,则单位时间内流入和流出该单元的水量相等,即

$$v_x\mathrm{d}y + v_y\mathrm{d}x = \left(v_x + \frac{\partial v_x}{\partial x}\mathrm{d}x\right)\mathrm{d}y + \left(v_y + \frac{\partial v_y}{\partial y}\mathrm{d}y\right)\mathrm{d}x \tag{4-6}$$

简化式(4-6)即可得二维渗流连续方程如下:

$$\frac{\partial v_x}{\partial x} + \frac{\partial v_y}{\partial y} = 0 \tag{4-7}$$

4.1.2 模拟方案

为了明晰水工隧洞钻爆法施工对渗流场的影响，根据典型地质模型建立渗流数值计算模型，运用有限元软件 Midas GTS NX 模拟分析钻爆法施工过程中围岩渗流场的变化规律。接着对影响渗流场的因素进行分类，选取具有代表性和实用性的影响因素，运用数值方法模拟分析施工过程中渗流场对这些影响因素的敏感性，为水工隧洞钻爆法施工对围岩渗流场影响分析提供依据。

渗流问题的求解思路是在已知定解条件下求解渗流基本微分方程，从而求得渗流区域各点的水头分布和渗流量。由于介质参数、几何形状和边界条件的复杂性，多数解析公式在应用方面受到了不同程度的限制。随着计算机技术和数值计算方法的飞速发展，为复杂渗流问题的求解提供了更为有效的方法。有限元法是目前应用最广的数值计算方法之一，可应用于以任何微分方程所描述的物理场。运用有限元法求解渗流问题的基本步骤如下（费康，2010）：

（1）定义渗流分析域。对实际渗流问题进行概化，给出相关的几何和物理参数。

（2）离散渗流分析域。对渗流分析域进行网格划分，将其离散为有限个单元组成的集合体。

（3）选取合适的型函数。通过合适的型函数表征单元内水头的分布规律，进而由单元的节点水头表示渗流分析域中任意一点的水头。

（4）建立单元控制方程。采用变分法或加权余量法建立单元控制方程。

（5）建立整体控制方程。组装所有单元控制方程建立有限元方程。

（6）求解。结合定解条件对整体控制方程进行求解，求得所有节点的水头值，进而完成整个渗流问题的求解。

Midas GTS NX 是一款针对岩土领域研发的通用有限元分析软件，支持静力分析、动力分析、渗流分析、应力-渗流耦合分析、固结分析、施工阶段分析、边坡稳定分析等多种分析类型，适用于地铁、隧洞、边坡、基坑、桩基、水工、钻爆等各种实际工程的准确建模与分析，并提供了多种专业化建模助手和数据库。

在实际空间中，考虑到岩土体的非均质性和各向异性、水文地质条件的差异，以及隧洞开挖造成的影响，隧洞渗流问题是一个非常复杂的三维渗流问题，求解难度巨大。为了实现隧洞渗流问题的求解，有必要对复杂工程问题进行一定程度的简化。等效连续介质模型是目前工程渗流问题求解中最常用的简化模型之一。将复杂的三维渗流问题转化为便于计算分析的二维渗流问题,必须基于大量严谨的假设,其简化要点归纳如下(童磊,2010):

(1)隧洞在某一直线方向上有足够的延伸长度且近似水平。

(2)岩土层与隧洞走向一致且可近似认为是均质等厚的材料。

(3)对于各向异性介质,其中一个主方向需平行于隧洞走向。

(4)沿隧洞轴线方向边界条件和初始条件应保持不变。

数值计算模型中的隧洞断面以研究区水工隧洞Ⅳ级围岩城门洞形标准结构断面图为原型,如图 4-2 所示。该隧洞断面采用全断面开挖方式,初期支护采用 C20 混凝土,厚 160 mm,二次衬砌采用 C25 钢筋混凝土,拱墙厚 350 mm。

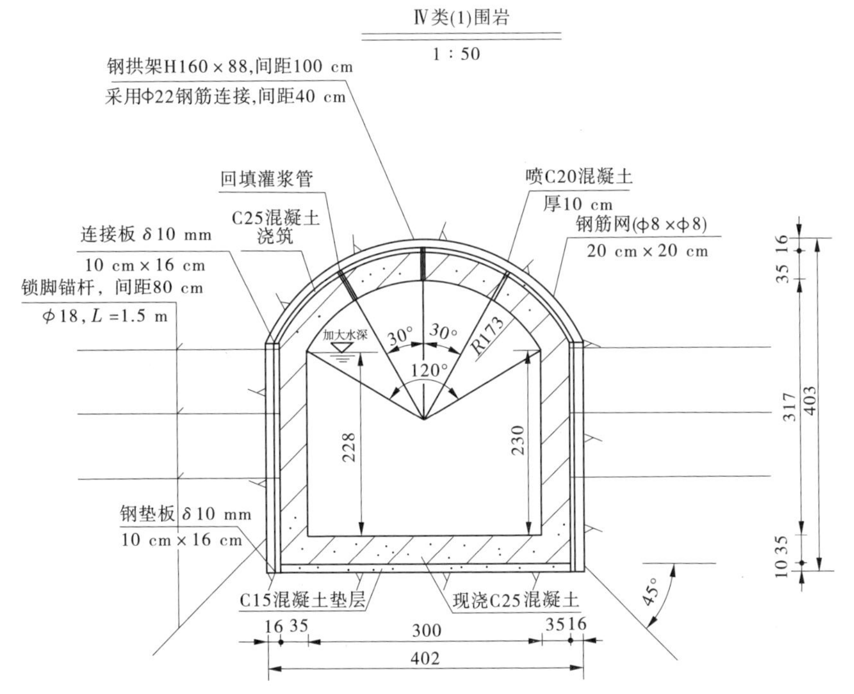

图 4-2　水工隧洞Ⅳ级围岩城门洞形标准结构断面图　(尺寸单位:cm)

水工隧洞防排水系统设计综合考虑工程地质、水文地质、结构特点和施工方法等因素,遵循"以防为主、刚柔相济、多道防线、因地制宜、综合治理"的原则。以结构防水为主,施工缝、变形缝防水为重点,辅以附加防水层加强防水。

采用 Midas GTS NX 有限元软件建立隧洞渗流数值计算模型,如图 4-3 所示。模型高 120 m、宽 300 m,初始地下水位线为拱顶以上 45 m 的水平线,坐标原点位于地面线中点处。计算模型包含风积黄土、坡积黄土、砂岩地层隧洞,位于砂岩地层开挖损伤区,厚度取 1 m。

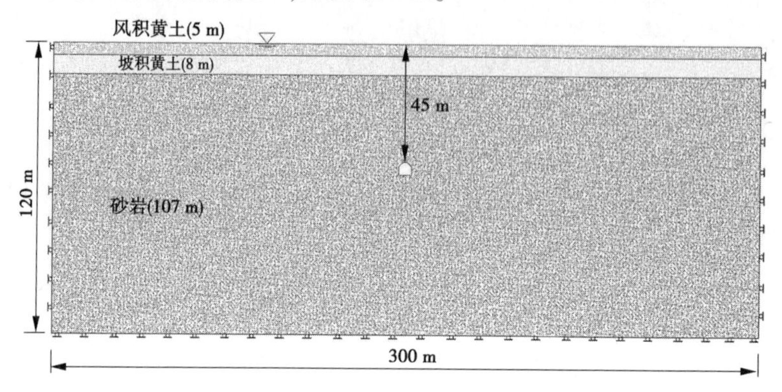

图 4-3　隧洞渗流数值计算模型

模型材料包括围岩、开挖损伤区、注浆圈、喷射混凝土及二次衬砌(含防水层),其中围岩、开挖损伤区、注浆圈、喷射混凝土采用 Mohr-Coulomb 本构模型,衬砌采用弹性本构模型。根据研究区岩土工程勘察资料、后期补充试验及相关理论计算,确定材料物理力学参数,如表 4-1 所列,其中 k 为渗透系数;γ 为容重;c 为黏聚力;φ 为摩擦角;E 为弹性模量;μ 为泊松比。

表 4-1　材料物理力学参数

材料	k/(m/d)	γ/(kN/m³)	c/kPa	φ/(°)	E/MPa	μ
风积黄土	0.4	14	15	23.5	27	0.35
坡积黄土	0.6	16	27	30	60	0.3
石英砂岩	4	23.6	200	35	1 000	0.26
开挖损伤区	10	22	100	29	600	0.26
注浆圈	0.07	26	200	50	1 000	0.25
喷射混凝土	1×10^{-5}	23	2 800	50	28 970	0.2
垫层	1×10^{-5}	22	2 800	50	22 000	0.2
二次衬砌	0	25	—	—	29 500	0.2

研究区水工隧洞Ⅳ级围岩采用钻爆法施工,结合现场实际施工情况建立如下分析步骤:①初始应力场分析;②初始渗流场分析;③全断面开挖(0.5 d);④初期支护(0.5 d);⑤垫层支护(1 d);⑥二衬一体支护(3 a)。隧洞开挖、支护与施加衬砌通过网格激活与钝化实现,而开挖损伤区及后续注浆圈的模拟,则通过控制不同分析步的材料属性实现。

模型力学边界条件为:约束左右两侧边界水平位移,约束底部边界水平与竖向位移。模型渗流边界条件为:左右两侧边界及底部孔隙水压力固定为定水头,边界底部为不透水边界。隧洞开挖后,毛洞边界为自由排水边界;喷射混凝土后混凝土内边界为自由排水边界;施作二次衬砌后,衬砌内边界为不透水边界。其中自由排水边界的孔隙水压力设置为 0。

4.1.3　钻爆法施工过程中渗流场变化规律

4.1.3.1　钻爆法施工隧洞渗流量变化规律

隧洞渗流量的大小直接反映了隧洞施工造成的地下水资源流失情况。通过对各施工阶段的排水面布设流量监测节点,计算排水面上所有节点的渗流量之和,获取施工中各个阶段的隧洞渗流量,从而掌握施工过程中地下水资源的流失规律。图 4-4 为水工隧洞钻爆法施工各阶段的排水面节点渗流量分布图。对排水面上所有节点的渗流量进行求和,得到隧洞渗流量值,图 4-5 为各施工阶段的隧洞日均渗流量。

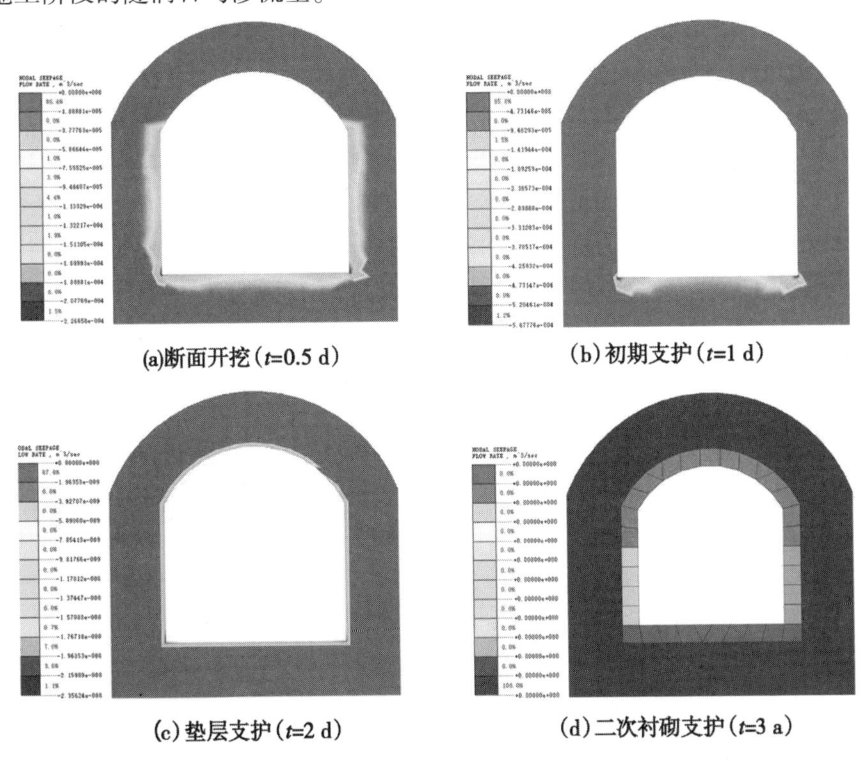

(a)断面开挖(t=0.5 d)　(b)初期支护(t=1 d)

(c)垫层支护(t=2 d)　(d)二次衬砌支护(t=3 a)

图 4-4　各施工阶段排水面节点渗流量分布图

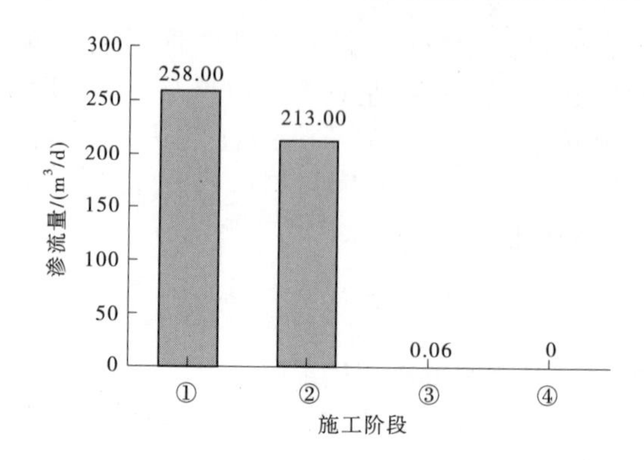

注:①~④表示钻爆法施工的各个阶段,依次为全断面开挖、初期支护、垫层支护、二次衬砌支护。

图 4-5　各施工阶段隧洞日均渗流量

由图 4-4(a)、(b)可得,当断面开挖完成时(t=0.5 d),地下水通过隧洞开挖面流向隧洞内部,此时排水面上的最大节点流量 $RVF_{max}=2.27\times10^{-4}\,m^3/s$,位于开挖面拱脚处。初期支护完成后($t$ =1 d),由于喷射混凝土的渗透性远远低于围岩,故地下水主要通过开挖底面流入,此时最大节点流量 $RVF_{max}=5.68\times10^{-4}\,m^3/s$,位于初期支护与开挖底面的交界处。

由图 4-4(c)可得,当垫层支护完成时(t=2 d),初期支护封闭成环,地下水由初期支护入渗排水面节点,流量均显著减小,垫层与初衬交界处的节点流量最大,$RVF_{max}=2.36\times10^{-8}\,m^3/s$。

由图 4-4(d)可得,随着完成二次衬砌施工,二次衬砌封闭成环,在防水板无渗漏的情况下,隧洞内部的所有节点流量均为 0,隧洞渗流量也为 0。

如图 4-5 所示,各施工阶段的隧洞日均渗流量由大到小依次为:①全断面开挖(258.00 m^3/d)>②初期支护(213.00 m^3/d)>③垫层支护(0.06 m^3/d)>④二次衬砌支护(0)。随着施工的进行,隧洞日均渗流量呈现波动,在每个阶段渗流量均会发生不同程度的阶跃。隧洞钻爆法施工造成的地下水资源流失现象集中发生于初期支护封闭成环前的施工阶段,而当初期支护封闭成环后,隧洞日均渗流量骤减至 0.06 m^3/d,此后的隧洞施工对地下水环境的影响已经很小。

4.1.3.2　地下水位变化规律

地下水位的变化是评价隧洞施工对地下水环境影响的重要依据之一。

图 4-6 为水工隧洞钻爆法施工各阶段的地下水位分布图,图中 S_{max} 表示最大水位降深,t 表示时间。由图 4-6 可知,施工过程中最低地下水位均位于隧洞拱顶的正上方。

图 4-7 为施工过程中最低地下水位随时间变化曲线,图中①~④表示钻爆法施工的各个阶段,与图 4-5 一致。

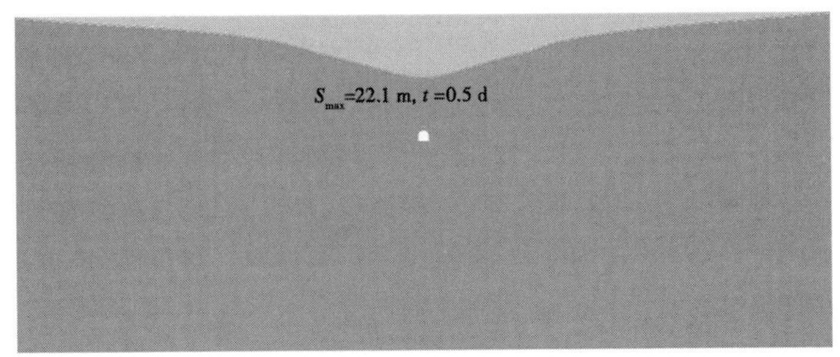

(a)全断面开挖

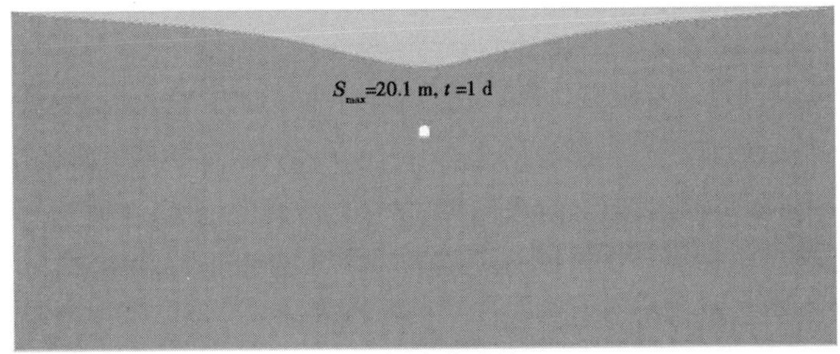

(b)初期支护

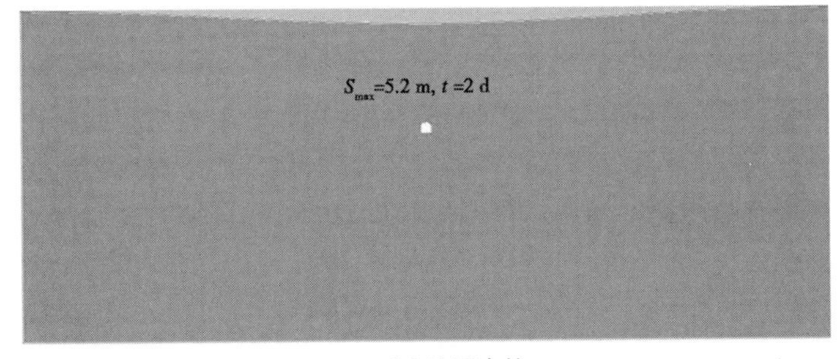

(c)垫层支护

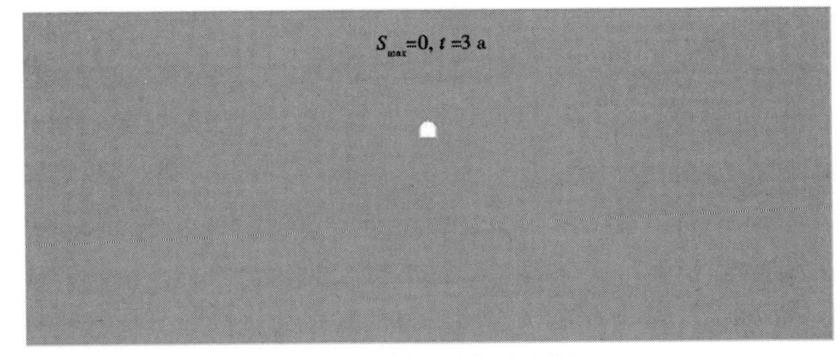

(d)二次衬砌支护

图 4-6　各施工阶段地下水位分布

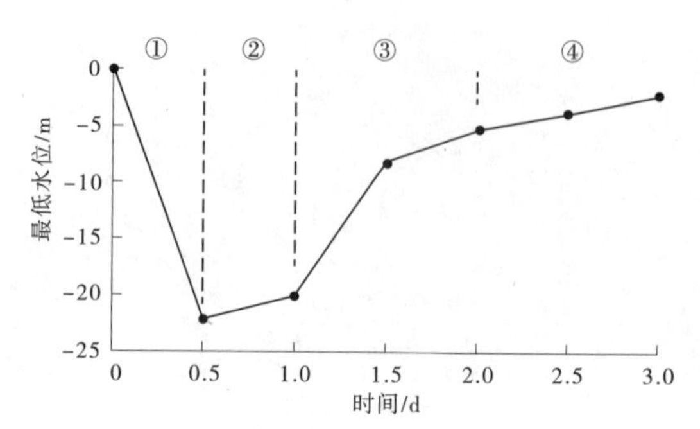

图 4-7 施工过程地下水位随时间变化曲线

结合图 4-6 与图 4-7 分析可得：

在①施工阶段，即初期支护完成前，地下水位持续下降，整个施工过程的最低地下水位为-22.1 m。

对于③施工阶段，即初期支护完成后，地下水位开始逐渐上升。当垫层支护完成时，最低地下水位为-5.2 m，较前一阶段上升了 14.9 m；二次衬砌封闭成环后，由于防水板的隔水作用，地下水无法渗入隧洞，水位逐渐恢复至初始状态。在地下水位恢复的过程中，水位上升速率随着时间的增加而逐渐减小。

4.1.3.3 孔隙水压力变化规律

图 4-8 为隧洞钻爆法施工各阶段的孔隙水压力分布图。隧洞未开挖前，孔隙水压力沿竖直方向自上而下线性增大，地表初始水位的孔隙水压力为 0，模型底部为 1.2 MPa。

由图 4-8(a)可知，当断面开挖后（t=0.5 d），开挖面为自由排水界面，孔隙水压力为 0，地下水位开始下降，水位以上孔隙水压力为负值。

由图 4-8(b)可知，当初期支护完成后（t=1 d），自由排水界面为初期支护内圈与下台阶开挖底面，该界面上的孔隙水压力为 0，隧洞周边的孔隙水压力最大值位于初期支护外侧拱顶，P_{max}=0.124 MPa。

由图 4-8(c)可知，当垫层支护完成后（t=2 d），此时初期支护封闭成环，支护内圈为自由排水界面，孔隙水压力为 0，隧洞周边的孔隙水压力最大值转移到初期支护外侧拱底，P_{max}=0.43 MPa，隧洞周边孔隙水压力较上一阶段出现了较为明显的增加。

由图 4-8(d)可知，随着二次衬砌的施作，孔隙水压力分布逐渐恢复至初始状态。当二次衬砌封闭成环时，隧洞全包防水结构将隧洞内部与地下水完全隔绝，随着时间的增长，地下水位基本恢复至初始状态（t=3 a），最终二次衬砌需要承受较大的孔隙水压力，隧洞外侧拱底的孔隙水压力值最大，P_{max}=0.44 MPa。

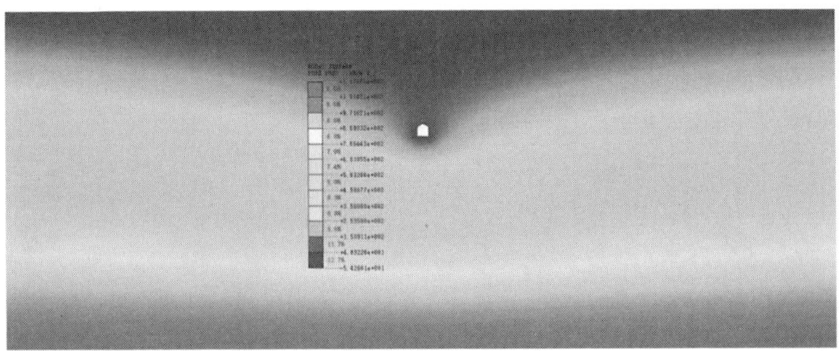

(a)断面开挖(t=0.5 d)

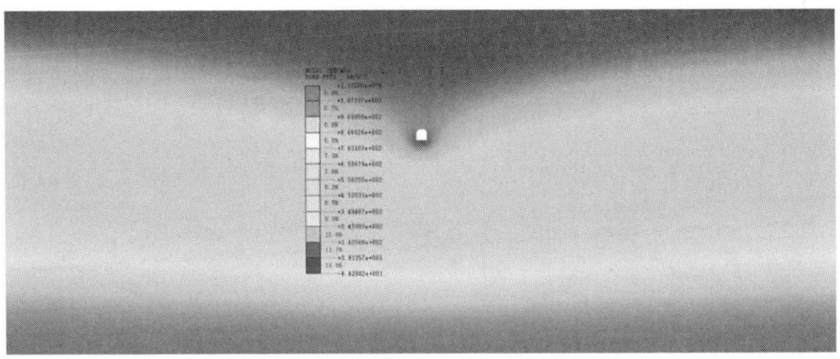

(b)初期支护(t=1 d)

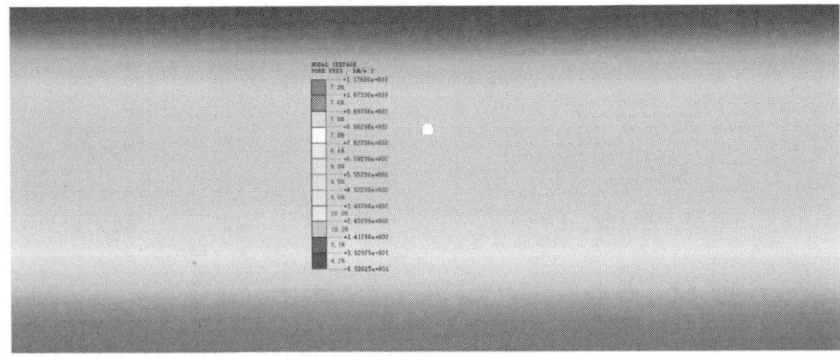

(c)垫层支护(t=2 d)

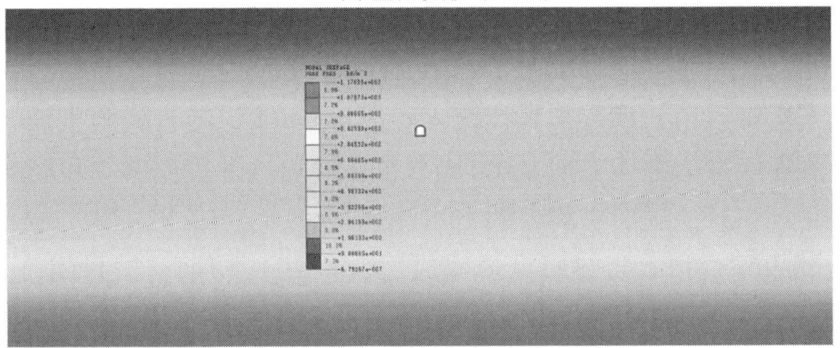

(d)二次衬砌支护(t=3 a)

图 4-8　各施工阶段孔隙水压力分布图　(单位:kPa)

4.1.3.4 地下水流速变化规律

地下水渗流速度的变化能较好地反映水工隧洞钻爆法施工各阶段地下水的流动规律,图 4-9 为水工隧洞钻爆法各施工阶段地下水流速矢量图。

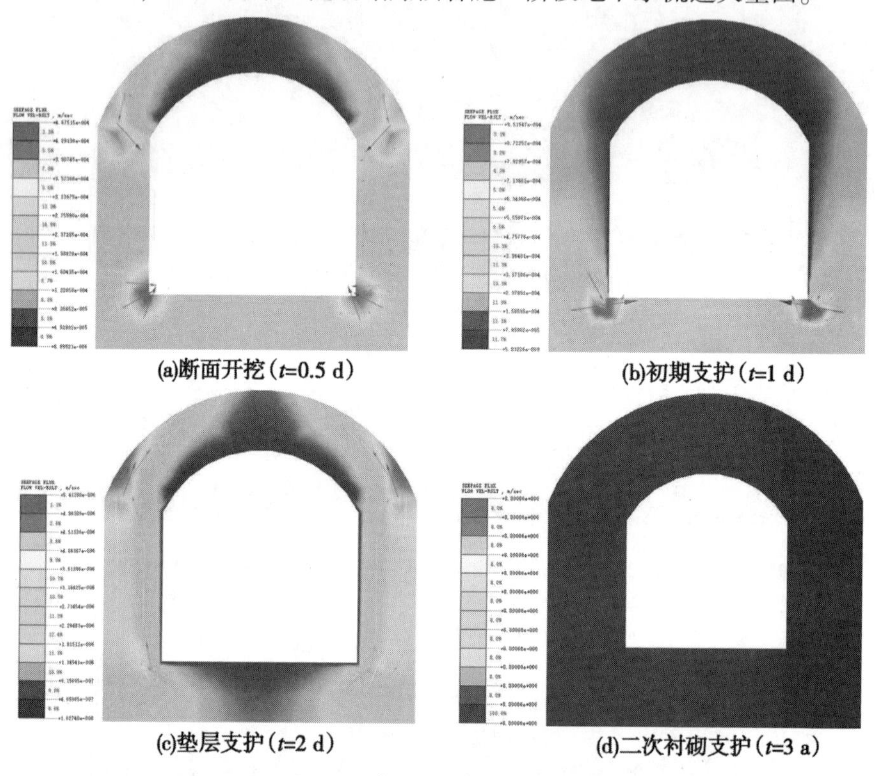

(a)断面开挖(t=0.5 d)　(b)初期支护(t=1 d)

(c)垫层支护(t=2 d)　(d)二次衬砌支护(t=3 a)

图 4-9　各施工阶段地下水流速矢量图　(单位:m/s)

由图 4-9(a)可知,当隧洞开挖完成时(t=0.5 d),地下水自各个方向通过开挖面涌入隧洞,此时开挖面拱脚处的地下水流速最大,$v_{max}=4.68\times10^{-4}$ m/s。

由图 4-9(b)可知,当初期支护完成后(t=1 d),由于喷射混凝土的渗透性很弱,地下水难以由初期支护直接流入隧洞,地下水流速自隧洞拱顶向两侧逐渐增大,流速矢量的整体方向显示,地下水主要通过开挖面两侧和底面拱脚处流入隧洞,其中开挖底面拱脚处地下水流速最大,$v_{max}=9.52\times10^{-4}$ m/s。

由图 4-9(c)可知,当垫层支护完成后(t=2 d),初期支护封闭,一部分地下水开始沿拱墙两侧向上流动,表明地下水位开始逐渐回升,但本阶段流速较上一阶段显著减小,最大地下水流速出现于上台阶初期支护两侧,$v_{max}=5.41\times10^{-6}$ m/s。此外还有另一部分地下水透过初期支护渗入隧洞内部,但渗流速度很小。

由图4-9(d)可知,当二次衬砌封闭成环,全包防水结构将地下水完全隔绝在外,随着时间增长,地下水位恢复至初始状态(t=3 a),此时流速近似为0。

4.1.4　施工过程中渗流场对各类影响因素的敏感性分析

4.1.4.1　渗流场影响因素分类

明确隧洞施工过程中渗流场对各类影响因素的敏感性,是评价隧洞施工地下水环境负效应的基础。渗流场的影响因素众多,有必要先对影响因素进行分类,然后从各类因素中选取具有代表性和实用性的影响因素,开展相应的敏感性分析工作。

基于研究区地质条件和工程特征,结合相关研究成果(刘志春,2015;刘丹,2013;刘建,2007、2009、2012;王维富,2012),将渗流场影响因素分为4类,分别为自然环境因素、工程地质与水文地质因素、隧洞开挖因素和隧洞防排水因素。自然环境因素包括降水和地表水系等影响因素;工程地质与水文地质因素包括围岩渗透性、水位以下埋深及地下水类型等影响因素;隧洞开挖因素包括开挖损伤区参数和开挖面积等参数;隧洞防排水因素包括注浆圈参数、喷射混凝土参数和防排水措施等影响因素。

分别从上述4类渗流场影响因素中选取数个具有代表性和实用性的影响因素,分析隧洞施工过程中渗流场对各类影响因素的敏感性,为评价隧洞爆破法施工对地下水环境的影响提供依据。

4.1.4.2　渗流场对自然环境因素的敏感性分析

降水入渗是地下水最主要的补给来源之一。在经过地表蒸发、植物截留等损失之后,一部分降水入渗至含水层中转化为地下水。降水因素是众多影响渗流场的自然环境因素中最具代表性的因素,降水对渗流场影响的最重要因素为降水量,以下通过数值算例分析研究渗流场对月均降水量的敏感性。

首先考察渗流场对月均降水量的敏感性,基于数值计算模型,分别考虑月均降水量为3 mm(枯水期)、30 mm(平水期)和100 mm(丰水期)3种情况,降水入渗系数取0.2,对原计算模型的地表流量边界条件进行修改,修改后的定流量边界条件分别为2×10^{-5}m^3/d(枯水期)、2×10^{-4}m^3/d(平水期)、6.7×10^{-4}m^3/d(丰水期)。图4-10为不同月均降水量下各施工阶段隧洞渗流量对比图。图4-11为不同月均降水量下各施工阶段最大水位降深对比图。

由图4-10、图4-11可知,隧洞渗流量随着降水量的增大而增大,最大水位降深随着降水量的增大而减小。当降水量由3 mm增大至100 mm时,施工第

①阶段的隧洞渗流量增大幅度为 1.6%，此后逐渐增大至第②阶段的 2.3%，而最大水位降深的减小幅度整体上亦呈现逐渐增大趋势，表明随着施工的进行，降水量对渗流场的影响逐渐增强。在丰水期进行钻爆法施工时的隧洞渗流量大于在枯水期进行施工时的隧洞渗流量，而在丰水期进行钻爆法施工时的最大水位降深则小于在枯水期进行施工时的最大水位降深，这一结果表明，在丰水期进行钻爆法施工将造成更严重的地下水资源流失，而在枯水期进行钻爆法施工所引发的地下水位下降现象更为显著。

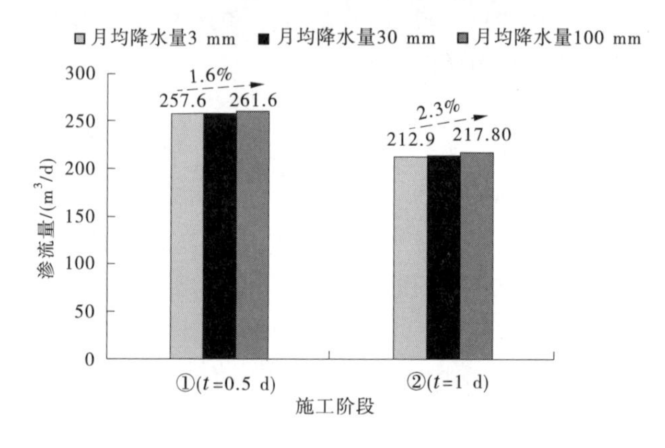

图 4-10　不同月均降水量各施工阶段隧洞渗流量对比图

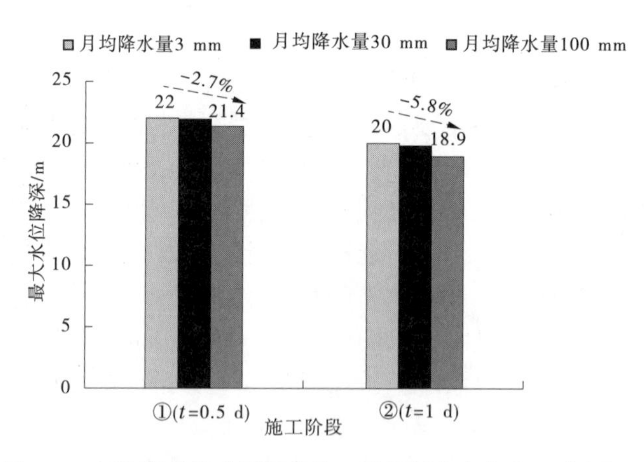

图 4-11　不同月均降水量下各施工阶段最大水位降深对比图

4.1.4.3　渗流场对工程地质与水文地质因素的敏感性分析

工程地质与水文地质因素是影响渗流场变化规律的重要因素，其中又以围岩渗透系数和隧洞水位以下埋深与隧洞设计、施工的联系最为紧密，以下通过数值算例分析渗流场对围岩渗透系数和水位以下埋深的敏感性。

1. 渗流场对围岩渗透系数的敏感性分析

基于数值计算模型，对隧洞所处地层的渗透系数 K_s 分别取 0.5 m/d、1 m/d、5 m/d 进行计算。图 4-12 为不同围岩渗透系数下各施工阶段隧洞渗流量对比图。图 4-13 为不同围岩渗透系数下各施工阶段最大水位降深对比图。

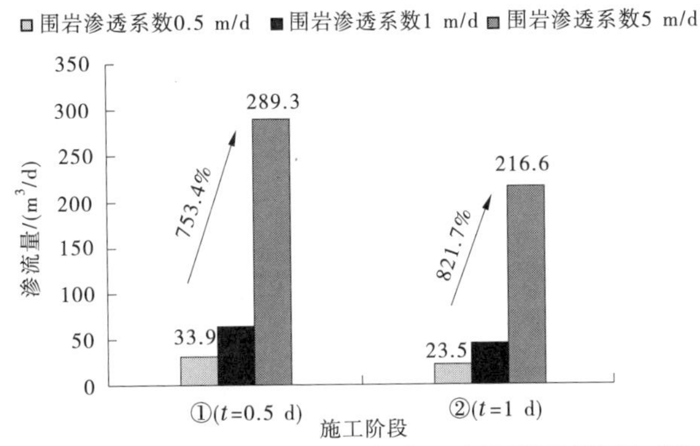

图 4-12　不同围岩渗透系数下各施工阶段隧洞渗流量对比图

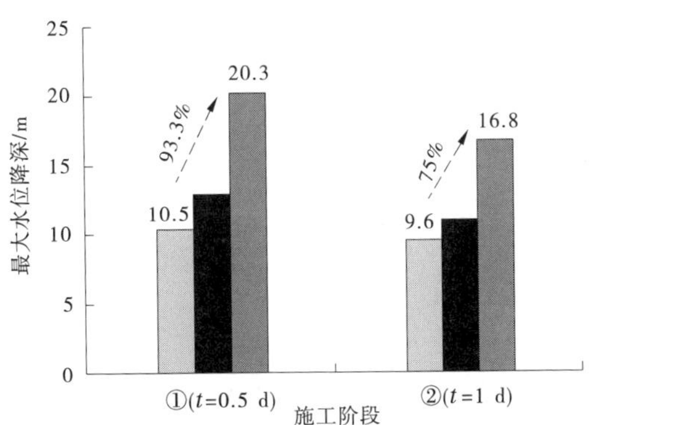

图 4-13　不同围岩渗透系数下各施工阶段最大水位降深对比图

由图 4-12、图 4-13 可知，各施工阶段的隧洞渗流量和最大水位降深随着围岩渗透系数的增大而增大。当围岩渗透系数由 0.5 m/d 增大至 5 m/d 时，前两个施工阶段的隧洞渗流量增幅分别为 753.4%、821.7%，前两个施工阶段的最大水位降深增幅分别为 93.3%、75%，可见渗流场对该范围内的围岩渗透系数变化十分敏感。在渗透系数较大的地层,隧洞施工将会造成较严重的地下水资源流失,并使地下水位显著下降,产生较强的地下水环境负效应。

2. 渗流场对水位以下埋深的敏感性分析

为了获取渗流场对隧洞在水位以下埋深的敏感性,基于数值计算模型,分别取隧洞洞顶在水位以下埋深为 10 m、20 m、40 m 进行计算。为了消除地层厚度变化产生的额外影响,将原模型中的三层地层合并为一层,各项物理力学参数统一取砂岩参数。图 4-14 为不同水位以下埋深的各施工阶段隧洞渗流量对比图。图 4-15 为不同水位以下埋深的各施工阶段最大水位降深对比图。

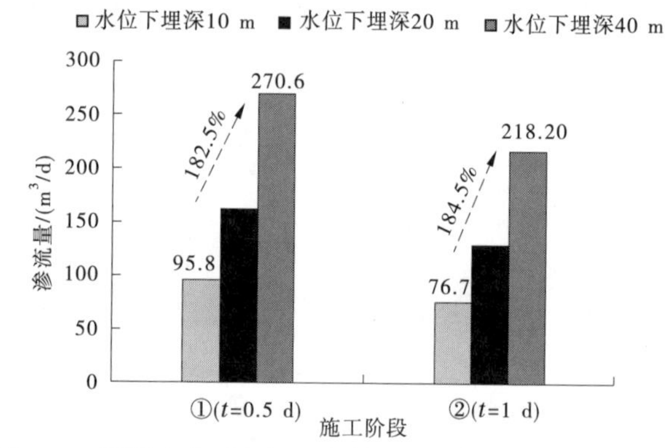

图 4-14　不同水位以下埋深各施工阶段隧洞渗流量对比图

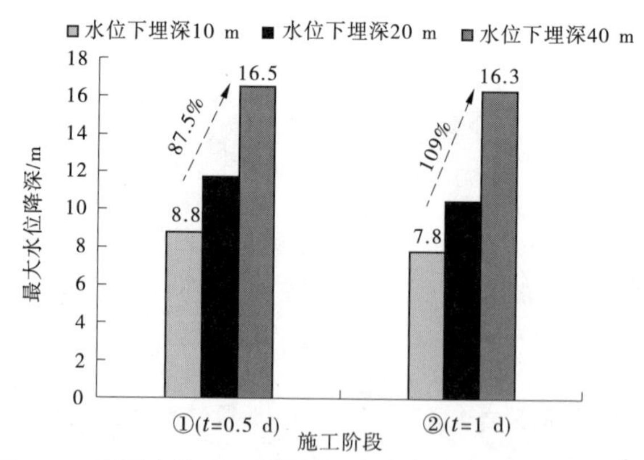

图 4-15　不同水位以下埋深各施工阶段最大水位降深对比图

由图 4-14 可知,隧洞渗流量随着隧洞在水位以下埋深的增大而增大,当埋深由 10 m 增大至 40 m 时,前两个施工阶段的隧洞渗流量增幅分别为 182.5%、184.5%,可见水位以下埋深对隧洞渗流量的影响十分显著。

由图 4-15 可知,最大水位降深随着隧洞在水位以下埋深的增大而增大,当埋深由 10 m 增大至 40 m 时,前两个施工阶段的最大水位降深增幅分别为 87.5%、109%,可见水位以下埋深对最大水位降深的影响十分显著。

根据以上分析可得,渗流场对隧洞水位以下埋深具有非常强的敏感性。在水位以下埋深较小的位置进行钻爆法施工,初期地下水位即发生显著下降,随后波动变化,各阶段的地下水资源流失量均较小。而在水位以下埋深较大的位置进行钻爆法施工,将产生较大的地下水资源流失量,地下水位下降也更加显著。

4.1.4.4　渗流场对隧洞开挖因素的敏感性分析

钻爆法施工会对一定范围内的围岩造成扰动,形成开挖损伤区,该区域内的围岩渗透性增强,一定程度上促进地下水向隧洞内部涌入,加剧了隧洞施工对地下水环境的影响。开挖损伤区的渗透性与厚度是其影响渗流场的关键参数。为了明确渗流场对开挖损伤区参数的敏感性,对不同开挖损伤区渗透性开展渗流计算研究。

首先考察渗流场对开挖损伤区渗透性的敏感性。定义开挖损伤区渗透系数 K_E 与围岩渗透系数 K_S 之比为 n_E,基于数值计算模型,分别取 n_E 为 1、4、8、12 进行计算。图 4-16 为不同开挖损伤区渗透性下各施工阶段隧洞渗流量对比图。图 4-17 为不同开挖损伤区渗透性下各施工阶段最大水位降深对比图。

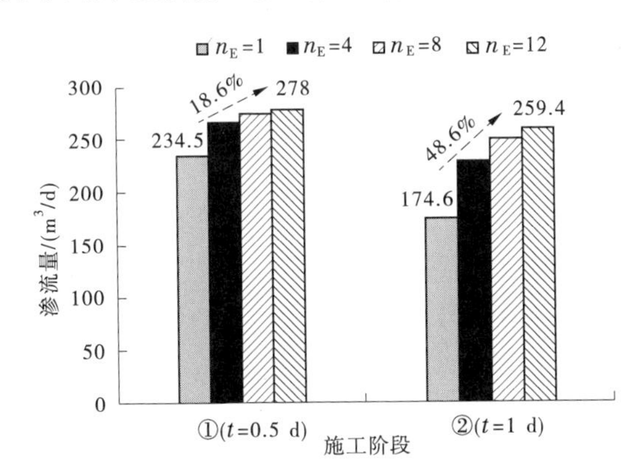

图 4-16　不同开挖损伤区渗透性下各施工阶段隧洞渗流量对比图

由图 4-16、图 4-17 可知,随着开挖损伤区渗透性的增强,各施工阶段的隧洞渗流量和最大水位降深逐渐增加。

当 n_E 由 1 增大至 12 时,前两个施工阶段的隧洞渗流量增幅分别为

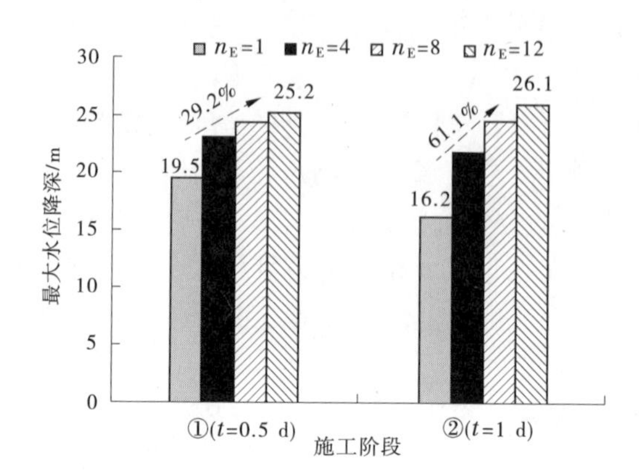

图 4-17　不同开挖损伤区渗透性下各施工阶段最大水位降深对比图

18.6%、48.6%，前两个施工阶段的最大水位降深增幅分别为 29.2%、61.1%。

当 $n_E=1$，即不考虑开挖损伤区影响时，第②阶段的隧洞渗流量为 174.6 m^3/d，最大水位降深为 16.2 m；当 $n_E=12$ 时，第②阶段的隧洞渗流量为 259.4 m^3/d，最大水位降深为 26.1 m，分别增加了 84.8 m^3/d 和 9.9 m，表明在隧洞施工过程中，渗流场对开挖损伤区渗透性具有较强的敏感性。钻爆法施工对砂岩围岩的扰动越大，开挖损伤区的渗透性越强，则其对地下水环境产生的负效应越强，将造成更为严重的地下水资源流失与地下水位下降。

4.1.4.5　渗流场对隧洞防排水因素的敏感性分析

隧洞防水体系通常由注浆圈、初期支护喷射混凝土、防水层和二次衬砌防水混凝土组成。注浆圈和喷射混凝土在隧洞开挖支护过程中起到了重要的止水作用，对改善渗流场具有重要意义。以下通过数值算例研究渗流场对注浆圈和喷射混凝土参数的敏感性。

1. 渗流场对注浆圈参数的敏感性分析

通过超前注浆方式在隧洞周围形成注浆圈，可以有效降低开挖损伤区对渗流场造成的不良影响，降低隧洞渗流量，减轻隧洞施工对地下水环境的影响。为了获取渗流场对注浆区参数的敏感性，选取不同的注浆区抗渗性进行计算分析。

首先考察渗流场对注浆区抗渗性的敏感性。定义围岩渗透系数 K_S 与注浆区渗透系数 K_G 之比为 n_G，分别取 n_G 为 1、10、50、100，注浆区厚度 $d_G=1$ m 进行计算。图 4-18 为不同注浆区抗渗性下各施工阶段隧洞渗流量对比图。图 4-19 为不同注浆区抗渗性下各施工阶段最大水位降深对比图。

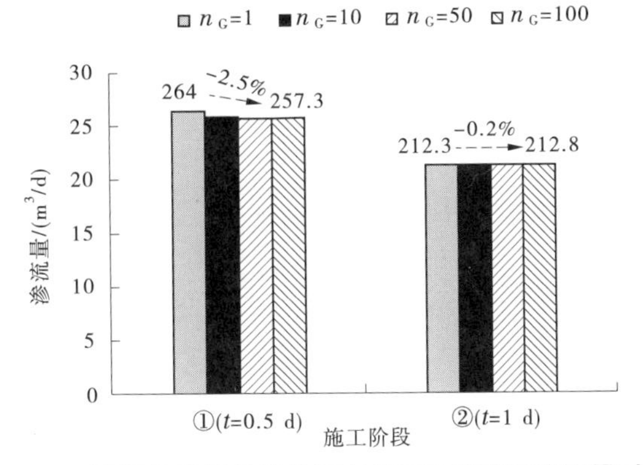

图 4-18 不同注浆区抗渗性下各施工阶段隧洞渗流量对比图

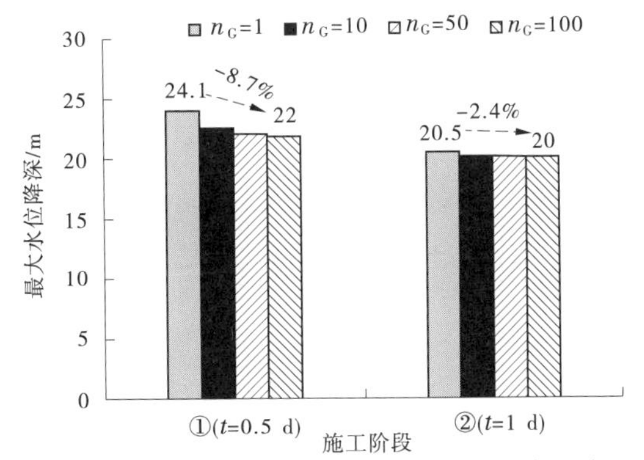

图 4-19 不同注浆区抗渗性下各施工阶段最大水位降深对比图

由图 4-18 可知,当 n_G 由 1 增大至 100 时,开挖阶段①的水工隧洞渗流量变化幅度为 2.5%,而支护阶段②的水工隧洞渗流量变化幅度为 0.2%,注浆区渗透系数对开挖阶段及支护阶段的水工隧洞渗流量具有轻微的影响,可以忽略不计。

由图 4-19 可知,初期支护封闭前,注浆区渗透系数对最大水位降深影响较大,当 n_G 由 1 增大至 100 时,前两个施工阶段的最大水位降深变化幅度分别为 8.7%、2.4%。初期支护封闭后,注浆区抗渗性对最大水位降深的影响逐渐减小,注浆区抗渗性对地下水环境的作用主要体现在水工隧洞施工前期阶段,以第①阶段的最大水位降深为例,当注浆区抗渗性较强时(n_G=100),该阶段的最大水位降深为 22 m,地下水降深小于注浆区抗渗性较弱时(n_G=1)。

由于引大济湟工程隧洞施工只在拱顶注浆形成一个圆弧状的注浆区域,未对隧洞一周全部注浆,所以导致形成的注浆区未能有效降低开挖损伤区对渗流场造成的不良影响，如降低隧洞渗流量及减轻隧洞施工对地下水环境的影响。

2. 渗流场对喷射混凝土参数的敏感性分析

通过 4. 3. 1. 1 节分析可知，当初期支护封闭后，水工隧洞渗流量迅速下降，地下水位逐渐回升，喷射混凝土性能在这一过程中起到了关键作用。喷射混凝土的抗渗性是其影响渗流场的重要参数，为了获取渗流场对喷射混凝土参数的敏感性，分别选取不同的喷射混凝土抗渗性进行计算分析。首先考察渗流场对喷射混凝土抗渗性的敏感性。取喷射混凝土抗渗性 K 为 4×10^{-2} m/d、4×10^{-3} m/d、4×10^{-4} m/d 进行计算。图 4-20 为不同喷射混凝土抗渗性下各施工阶段水工隧洞渗流量对比图。图 4-21 为不同喷射混凝土抗渗性下各施工阶段最大水位降深对比图。

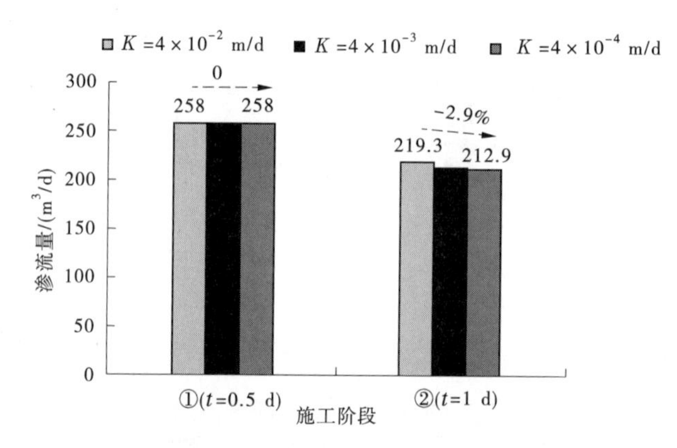

图 4-20　不同喷射混凝土抗渗性下各施工阶段隧洞渗流量对比图

由图 4-20 可知，当 K 由 4×10^{-2} m/d 减小至 4×10^{-4} m/d 时，支护阶段②的水工隧洞渗流量变化幅度为 2. 9%，而开挖阶段①的水工隧洞渗流量变化幅度为 0，喷射混凝土渗透系数对支护阶段的水工隧洞渗流量具有轻微的影响，对水工隧洞全断面开挖阶段的渗流量没有影响。

由图 4-21 可知，初期支护封闭前，喷射混凝土抗渗性对最大水位降深影响较小，当 K 由 4×10^{-2} m/d 减小至 4×10^{-4} m/d 时，前 3 个施工阶段的最大水位降深变化幅度分别为 0、3. 4%、42. 2%。初期支护封闭后，喷射混凝土抗渗性对最大水位降深的影响逐渐明显，喷射混凝土抗渗性对地下水环境的作用主要体现在水工隧洞施工后期阶段，以第③阶段的最大水位降深为例，当喷射混凝土抗渗性较强时($K=4\times10^{-4}$ m/d),该阶段的最大水位降深为0.27 m,地下水恢复程度远大于喷射混凝土抗渗性较弱时($K=4\times10^{-2}$ m/d)的恢复程度。

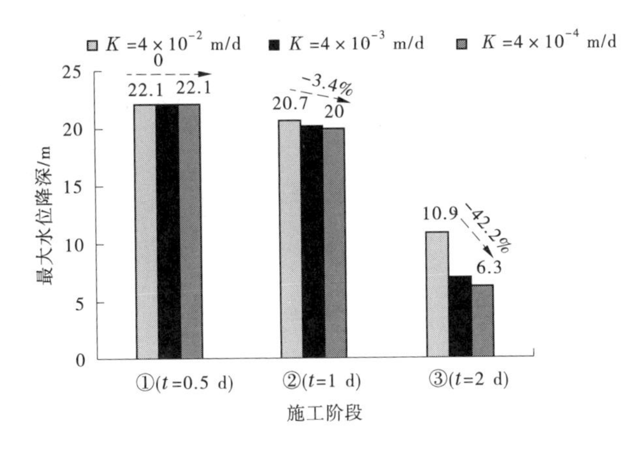

图4-21　不同喷射混凝土抗渗性下各施工阶段最大水位降深对比图

4.2　零劈坡进洞

传统水利工程水工隧洞进洞采用大刷坡进洞方案,在洞口仰坡开挖、防护达到条件后进洞施工。这种大开挖方案不但对洞口环境破坏严重,也会破坏山体原有的平衡状态,形成顺层滑坡的安全隐患。为保护地区脆弱的生态环境,打造"绿色、精品、创新"工程,本研究采用"零劈坡"进洞方案,坚持"早进晚出"原则。

"零劈坡"方案与传统方法相比,延长了洞口浅埋段长度,洞口覆盖层相应减薄,增加了进洞难度,但是减小了对洞口坡体及坡脚的扰动,提高了边仰坡的自稳能力,最大程度地减少了对当地生态环境的破坏,符合"绿色施工"理念。对实现工程建设与生态环境的和谐相处具有重要意义。

隧洞浅埋段进洞技术以新奥法原理为依据,以"管超前、严注浆、弱爆破、短进尺、强支护、早封闭、勤量测"为原则,科学安排,精心组织,注重细节,确保水工隧洞安全进洞。施工中将套拱外移,提前施做套拱,并利用管棚及注浆对洞口软弱围岩进行加固,必要时对地表进行注浆加固,套拱完成后再按照暗洞施工方法进行开挖支护施工。进洞实例如图4-22所示。

图 4-22　零劈坡进洞实例图

4.3　水工隧洞开挖

隧洞开挖是指修建隧洞时将土或岩石松动、破碎、挖掘并运输出渣的过程。据史料记载,最原始的隧洞开挖方法是用火将需要开挖的岩石加热至一定温度,再泼以冷水使岩体炸裂,达到开挖岩石的效果。后来随着火药的发明,人们将火药逐步应用于岩石的开挖,这样逐步形成了钻孔爆破法的前身。隧洞开挖方法由早期的人工手把钎、锤击凿孔,发展到用火雷管逐个引爆单个药包,直至将机械、电子等先进技术应用于爆破开挖,采用机械化凿岩台车或多臂钻车钻孔作业,应用毫秒爆破、预裂爆破及光面爆破等先进爆破技术进行隧洞开挖。

隧洞开挖施工方法主要的分类方式是按照是否爆破进行划分,可为爆破法和非爆破法。爆破法最典型的就是钻爆法,非爆破法主要是指盾构法和掘进机开挖。

钻爆法开挖主要分为以下几种开挖方式:

(1)全断面开挖法。适用于小断面隧洞或者围岩类型为Ⅰ、Ⅱ、Ⅲ类的中型断面隧洞。其施工特点是施工干扰少,风、水、电、管线等无须多次拆装,使用各种小型机械配合作业,但不适用于自稳时间较短的围岩类型。其优点是断面可一次爆破成形,施工时可以根据围岩稳定情况决定是否进行一次支护以及一次支护的时间间隔。

(2)短台阶开挖法。适用于Ⅳ、Ⅴ类围岩中的中、小型断面以及大型洞室洞口和自稳时间极短的围岩类型。缺点是在Ⅳ、Ⅴ类围岩中不宜使用大型机械作业,一次支护要紧随其后,循环次数增多,开挖耗用的时间长。

(3)导洞超前法。适用于中、大、特大型断面隧洞,尤其适用于地质条件复杂、地下水丰富的地区。根据围岩类别的不同,一般选择在开挖断面的中、下部先期开挖一条能够作业的超前导洞,超前距离可以根据实际情况现场确定。导洞对于提前排出地下水、降低地下水位能够起到显著效果,但对于其他风、水、电等辅助设备布置不利,会增加辅助工序。

(4)留核心土法。适用于自稳能力极差的Ⅴ类围岩。沿开挖线内侧先用人工挖掘或手风钻浅孔爆破法开挖后,立即进行一次支护或混凝土局部衬砌,若采用混凝土衬砌,一般要先边墙后顶拱,底板要及时封闭。该方法的缺点是施工速度慢,进尺小,但有利于增强开挖后围岩的自稳能力。

4.4　水工隧洞支护

一般将 20 世纪 50 年代以前形成的支护理论称为传统支护理论,如古典压力理论、散体压力理论等。传统支护理论认为支护的作用是承受上覆岩层重量或围岩塌落拱内的松动岩体重量,主要沿用适应于地面工程的理论和方法来解决地下工程所遇到的问题。随着岩石力学的逐步发展,现已独立成为门新的学科分支,围岩弹性、弹塑性及黏弹性解答逐渐出现,与此同时出现了以新奥法为代表的一套结合了锚杆、喷射混凝土、弹性支撑等的新型支护形式,最终逐步形成了以岩体力学原理为基础的、考虑支护与围岩共同作用的地下工程现代支护理论(李志德,2019)。

隧洞属于地下工程,由于其所处的施工环境与地面工程完全不同,在相当长的一段时期内隧洞工程的设计完全沿用地面工程的一些设计理论和方法。使用地面工程的设计理论和方法计算出的成果不能够合理有效地解释地下工程中出现的各种力学现象及过程,这样使得隧洞及地下工程的设计和施工在相当长的一段时期内处于“经验设计”和”经验施工”的局面。隧洞的支护结构理论产生于 20 世纪初,在 20 世纪中叶发展迅速,它的发展与岩土力学的发展有着密不可分的联系。土力学的发展促使了松散地层围岩稳定和围岩压力理论的进一步发展,而岩石力学的发展促使围岩压力和地下工程支护结构理论进一步飞跃。

随着科学技术的不断进步,各种先进监测、检测技术逐步应用于地下工程设计中,使得地下工程的设计思路发生了重大转变。传统地下工程设计理论中将围岩作为洞室的主要荷载,把衬砌混凝土作为结构用以承担来自围岩和内外水压等荷载即围岩荷载的观点。随着岩石力学的发展及工程建设实践经验的积累、岩石压力监测等技术的应用,认为围岩不是荷载的主要来源,而是承担周围荷载的主要结构,这即围岩结构的观点。围岩作为承担荷载的主要结构,其类型千差万别,有的完整、有的破碎、有的节理裂隙发育、有的松散破碎、有的含水量大、有的遇空气迅速泥化,大部分围岩不能够起到自稳的作用。因此,需要对不良围岩地质洞段进行加固。喷射混凝土、混凝土衬砌是从外部加固,防止变形不受约束、过大,导致围岩失稳坍塌。增设锚杆、管棚、小导管、灌浆等是从围岩内部进行加固,以增强围岩的整体性及完整性,提高其整体受力条件。隧洞工程的结构是围岩以及内外加固措施构成的统一整体,在进行支护形式设计时应首先考虑充分利用围岩自身的自稳能力和承载能力,让围岩自身尽量承担主要的结构荷载,在围岩自身不能稳定时再考虑使用加固措施辅助。

水工隧洞的施工方法是多种多样的,具体到每一条隧洞的开挖,一次支护、二次衬砌的形式选择,应根据工程地质条件、断面尺寸、隧洞长度、工期要求、施工投入、施工交通、机械化程度等因素进行综合分析,经过经济技术比选后选定。目前国内利用钻爆法开挖的水工隧洞仍然占全国隧洞数量的 70%左右。新奥法以喷射混凝土、锚杆和现场监控测量为主要手段,经过五六十年的不断发展与完善,已经形成一套比较成熟的隧洞支护衬砌理论体系,成为目前国内水工隧洞支护及衬砌的首选施工方法。

4.5 引大济湟北干渠引水隧洞工程形成的工法

4.5.1 浅埋小断面水工隧洞微震动控制爆破施工工法

结合青海省湟水北干渠扶贫灌溉二期工程(湟水北干渠)引水隧洞工程,项目部技术团队借鉴类似工程控制爆破施工技术,结合浅埋段引水隧洞的具体情况,通过反复试验,形成了浅埋小断面水工隧洞微震动控制爆破施工工法。该工法与传统钻爆法相比,具有单孔装药少、围岩破坏小、超挖量少、技术先进、安全性好等特点,在湟水北干渠一分干工程应用中具有显著的社会效益和经济效益。

4.5.1.1 工法特点

(1)安全性强。采用多打孔、短进尺、少装药的光面爆破方法,对隧洞围岩震动破坏程度轻,岩壁较完整,最大限度地减少围岩扰动,避免开挖掌子面冒顶、塌方,降低了安全隐患,保证施工安全。

(2)保证质量。爆破后断面完整、炮孔残孔率高,超挖量少,能保证设计断面尺寸,利于后续洞身支护及衬砌。

(3)技术先进。本工法是在分析研究浅埋段地质环境及隧洞特性的基础上,针对围岩类型不同,结合绿色施工目标,取长补短,改进传统施工方法,在技术上具有先进性。

(4)缩短工期。采用弱震控制爆破,减少了因掉块、塌方而进行处理的时间。同时,也减少了超挖回填量,节约了工序时间。

(5)环境影响小。钻孔浅、装药少,降低爆破震动速度,对洞身上部岩土层及周边噪声影响较小,特别是对于埋深不超过15 m的浅埋段上部土层结构破坏小,利于保护环境。

(6)节约成本。单孔装药少,爆破效率高,降低了单方爆破器材消耗量;爆破效果好,减少了临时支护及永久支护的材料消耗,节约了成本。

4.5.1.2　适用范围

该工法适用于水利水电工程浅埋引水、输水、排水隧洞开挖施工,也可用于地质勘探洞及其他断面不大的隧洞开挖施工。

4.5.1.3　工艺原理

在隧洞光面控制爆破技术的基础上,根据隧洞特性及围岩类型,通过优化爆破设计,在炸药单耗不变的前提下,缩短每循环进尺,增加周边孔、辅助孔数量,减小孔深、孔间距,调整掏槽孔布置,不同爆孔选择不同装药结构、控制起爆时差,利用减小最小抵抗线及炸药爆炸效应,达到隧道表面轮廓规整、超挖量小、围岩产生炮震裂缝少、爆堆集中、最大限度地保持围岩自身强度的目的。

4.5.1.4　工艺流程

本工法工艺流程见图4-23。

4.5.1.5　操作要点

1.爆破参数设计

根据地质条件、开挖断面、开挖方法、掘进循环进尺、钻眼机具、爆破器材等进行爆破设计,合理选择爆破参数。针对隧洞Ⅳ、Ⅴ类围岩的现状,选择中空直眼掏槽,爆破后残孔率为80%。对于Ⅳ类围岩,开挖计划每循环进尺2.0 m,故钻孔孔深为2.5 m,掏槽孔钻孔较一般孔深15~20 cm,光爆孔间距选取43 cm左右。对于Ⅴ类围岩,开挖计划每循环进尺0.9 m,故钻孔孔深为1.1 m,掏槽孔钻孔较一般孔深15~20 cm,光爆孔间距选取37 cm左右。浅埋段微震控制爆破最大允许装药量为

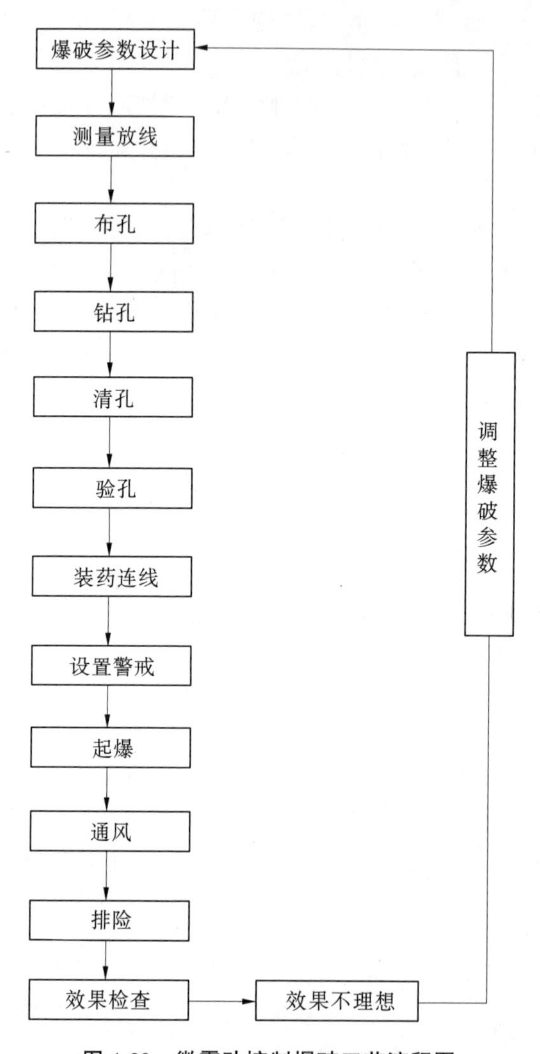

图 4-23　微震动控制爆破工艺流程图

$$Q_{max}=R_3\times(v_{kp}/K)^3/a \tag{4-8}$$

式中：Q_{max} 为最大一段爆破药量，kg；v_{kp} 为安全速度，cm/s，取 $v_{kp}=2$ cm/s；R_3 为爆破安全距离，m；K 为地形、地质影响系数；a 为衰减系数。

a 值是针对隧洞的具体情况，在多次试爆基础上进行 K、a 值回归分析后确定。根据爆破物距爆心的安全距离要求，并由此推出每段的最大装药量。浅埋隧洞Ⅳ、Ⅴ类围岩爆破设计图及其他参数分别见图 4-24、表 4-2、图 4-25、表 4-3。

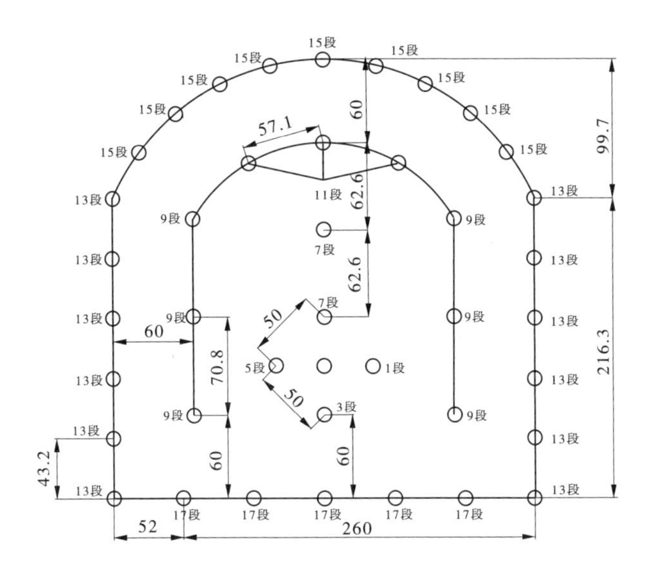

图4-24　Ⅳ类围岩爆破设计图　（单位:cm）

表4-2　Ⅳ类围岩爆破设计其他数据表

序号	炮孔名称	孔深/m	孔数/个	单孔装药量/kg	雷管/发	倾角	说明
1	掏槽排气孔	2.5	1	不装药		垂直掌子面	
2	掏槽孔	2.5	4	1.1	4	垂直掌子面	
3	崩落孔	2.5	1	1.1	1	向排气孔方向倾斜3°	
4	二周孔	2.5	9	0.9	9	垂直掌子面	
5	光爆孔	2.5	21	0.5	42	向轮廓线外侧倾斜3°~5°	
6	底板孔	2.5	5	1.1	5	向轮廓线外侧倾斜3°~5°	
7	合计		41		61		
8	最大单响	10.5 kg		实际装药单耗	1.57 kg/m^3		

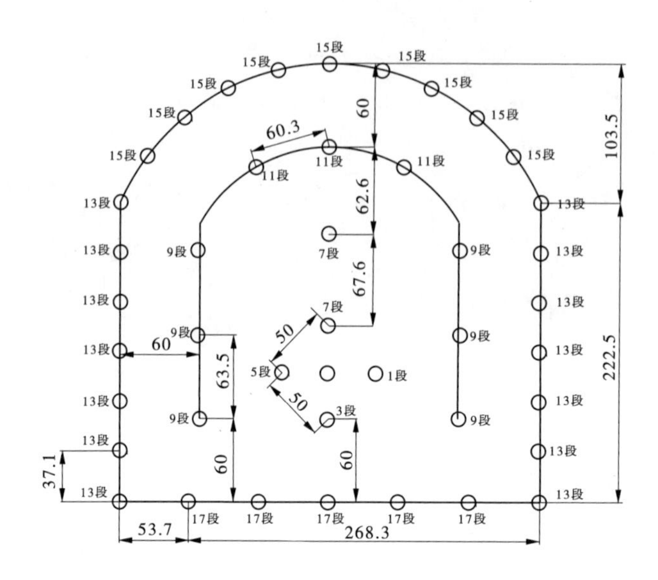

图 4-25 V类围岩爆破设计图 (单位:cm)

表 4-3 V类围岩爆破设计其他数据表

序号	炮孔名称	孔深/m	孔数/个	单孔装药量/kg	雷管/发	倾角	说明
1	掏槽排气孔	1	1	不装药		垂直掌子面	
2	掏槽孔	1	4	0.55	4	垂直掌子面	
3	崩落孔	1	1	0.48	1	向排气孔方向倾斜 3°	
4	二周孔	1	9	0.40	9	垂直掌子面	
5	光爆孔	1	21	0.22	46	向轮廓线外侧倾斜 3°~5°	
6	底板孔	1	5	0.48	5	向轮廓线外侧倾斜 3°~5°	
7	合计		41		65		
8	最大单响	5.06 kg		实际装药单耗	1.44 kg/m³		

2. 测量放线

施工中建立洞内导线，洞内导线测量的目的是以必要的精度按照与地面控制测量统一的坐标系统，建立洞内控制系统。洞内布设主副导线，控制等级为四等导线，主副导线每延伸3~4个点后，组成闭合导线，实测平差后调整导线点坐标，并以调整后的坐标向前延伸。洞内高程控制点的高程用精密水准仪测定，水准点的距离间隔不超过100 m。高程控制网与平面控制网相同。

施工放样测量以洞内控制测量的最新成果为依据进行，它包括中线和高程的放样、开挖断面的标示以及开挖后断面尺寸的检测等内容。平面采用极坐标法进行放样，并采用全站仪系统指导作业面导向，高程采用普通水准测量方法。

3. 布孔

钻孔前，测量人员要用红铅油准确绘出开挖面的中线和轮廓线，标出炮眼位置，其误差不得超过3 cm。在直线段，用3台激光准直仪控制开挖方向和开挖轮廓线。每次测量放线的同时，对上次爆破断面进行检查，并对测量数据进行处理，及时调整爆破参数，以达最佳爆破效果。

4. 钻孔

掌子面采用开挖台车架辅以YT28的手风钻凿孔，钻孔作业严格按设计钻爆图进行，尤其对于周边光面爆破孔，周边眼布置间距必须严格按照试验段所确定的参数进行。钻孔时，由专人统一指挥协调，实行定人、定位、定机、定质、定量的“五定”岗位责任制，分区按顺序钻孔，避免相互干扰、碰撞、拥挤和窝工。本工法采用全断面一次光爆施工。全断面共布置41个钻孔，钻孔深3.0 m，孔径32 mm，5个中心掏槽孔。钻孔按照准备、定位、开口、拔杆、移位5个步骤进行，刷帮压顶钻孔时，最好固定钻孔班，以便熟练技术，掌握规律，提高钻孔的速度和准确性。

5. 清孔

装药前，用由钢筋弯制的炮钩和小于炮眼直径的高压风管输入高压风将炮眼石屑刮出和吹净。

6. 验孔

清孔后，由现场技术人员对孔深、孔距及清孔效果等进行检查。

7. 装药连线

装药采用分片分组按炮眼设计图确定的装药量自上而下进行，雷管“对号入座”。所有炮眼均以炮泥堵塞，堵塞长度不小于20 cm。装药采用柱状装药，辅助孔和扩大孔采用连续装药方式。周边眼装药结构决定现光面爆破效果，周边孔装药量控制在 0.4 kg/m³ 以内，采取分段非连续装药结构。施工时采用不耦合装药结构，不耦合装药系数控制在 1.5 范围内。爆破孔选用 φ 32 mm×400 mm 乳化炸药，周边孔选用 φ 25 mm×400 mm 乳化炸药光爆药卷，中心孔 1#～4# 孔不装药。装药结构见图 4-26。

机构形式	示意图	说明
间隔不耦合装药	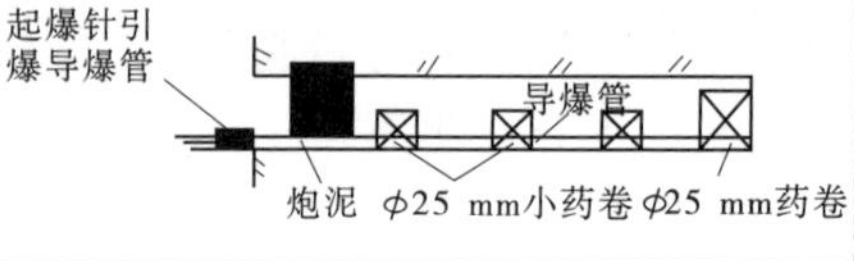 起爆针引爆导爆管　导爆管　炮泥　φ25 mm小药卷　φ25 mm药卷	1.此图为光爆眼装药结构图； 2.孔外雷管延时； 3.导爆管传爆
耦合连续反向起爆装药结构	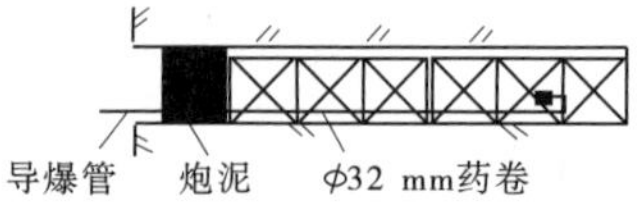 导爆管　炮泥　φ32 mm药卷	此图位掏槽眼、辅助眼、底板眼装药结构图

图 4-26　装药结构图

起爆网路采用复式网路，以保证起爆的可靠性和准确性。联结时导爆管不能打结和拉细；各炮眼雷管连接次数应相同；引爆雷管用黑胶布包扎在离一簇导爆管自由端 10 cm 以上处。网路联好后，由专人负责检查。

8. 起爆

采用非电雷管即塑料导爆管起爆，起爆时按掏槽孔、崩落孔、二周孔、周边孔、底板孔的顺序进行。施工中根据实际地质情况，不断优化起爆参数，达到最佳爆破效果。光面层起爆选用起爆器材为导爆管。

9. 通风排烟

爆破后，立即进行通风排尘。通风方式采用压入式通风，利用压入通风机向隧洞内输送新鲜空气，使空气流动，并流经工作面后再流出洞外。

10. 撬顶排险

待有害气体排除后，安全检查人员先进行安全检查，确认是否有拒爆和危石，对于存在的拒爆立即通知相关人员进行拒爆处理。对于存在的危石，采用长撬棍处理。撬顶时，撬顶人员必须观察好所撬地点上部的岩石，站在安全的位置进行撬顶。防止隧洞上部岩石掉落造成意外。

11. 效果检查

排险后，工程技术人员对爆破效果进行检查。检查项目主要有：断面周边超欠挖检查;开挖轮廓圆顺度,开挖面平整检查;爆破进尺是否达到爆破设计要求;爆出石渣块是否适合装渣要求;残孔率是否达到 80%,并在开挖轮廓面上均匀分布。检查后,对存在的问题分析其原因,并及时修正爆破参数,提高爆破效果,改善技术经济指标。

4.5.1.6　劳动力组织

劳动力组织如表 4-4 所示。

表 4-4　单作业面劳动力组织情况

序号	人力资源	数量/人	工作任务	说明
1	风钻工	4	造孔	两班制
2	爆破工	4	装药、爆破	
3	机械操作员	1	空压机、压风机	
4	测量员	2	施工测量	
5	管理人员	3	指挥、安全、技术	

4.5.1.7　材料与设备

1. 材料

本工法所用主要材料包括炸药、导爆管雷管、电雷管、炮泥等(见表 4-5)。

表 4-5　主要材料

序号	材料名称	材料规格	使用要求
1	炸药	ϕ 32 mm、2# 岩石膨化硝铵	干燥、棒体完整无破损
2	导爆管雷管	毫秒微差、5 m 脚线	脚线完整无破损
3	导爆索	外径 5.2~6.0 mm	爆速约 6 500 m/s、两端密封完好
4	电雷管	即发式	进场验收合格
5	炮泥	红黏土	堵炮眼
6	炮线	钢芯	绝缘良好

2. 机具设备

本工法所配置机具设备如表 4-6 所示。

表 4-6　机具设备配置

序号	设备名称	型号	单位	数量/台	说明
1	气腿式凿岩机	YT28	台	2	造炮眼
2	螺杆式空压机	MLG27.7/12.5-220G	台	1	供风
3	送药杆	橡胶棒	根	2	装、送炸药
4	电容式发爆器	FD200	台	1	起爆

4.5.1.8　质量控制

1. 质量管理措施

(1)有健全的质量保证体系做支撑,质量管理过程规范。

(2)落实质量责任制度和质量奖罚制度,做到分工明确,责权清晰。

(3)严格执行“三检制”,确保施工质量始终处于受控状态。

(4)实行“定人、定位、定机、定质、定量”的五岗位责任制,分区按顺序钻孔。

(5)坚持质量一票否决制度。

(6)施工前,必须进行技术交底。

(7)严格控制周边眼间距及最小抵抗线厚度,并使周边眼尽可能打在轮廓线上。

(8)装药必须在技术人员指导下由专人进行,并严格堵塞炮泥。

(9)钻眼完成后,施工人员应根据炮眼布置图进行检查并做好记录,不符合要求的炮眼应重钻,经检查合格后才能装药爆破。

2. 质量技术措施

(1)钻爆设计应根据工程地质条件、开挖断面、开挖方法、掘进循环进尺、钻眼机具、爆破材料和出渣能力等因素综合考虑。

(2)爆破开挖一次进尺根据围岩条件确定,开挖软弱围岩时应控制在 1~2 m 之内,开挖坚硬完整的围岩时根据周边眼的外插角及允许超挖量确定。

(3)根据围岩特点合理选择周边眼间距及周边眼最小抵抗线。围岩软弱、破碎,周边眼间距取小值。

(4)严格控制周边眼装药量,并使药量沿炮孔长度合理分布。周边眼宜用小直径药卷和低爆速炸药,可借助传爆线实现空气间隔装药。周边眼雷管应与内圈眼雷管跳段使用。

(5)周边炮眼与辅助炮眼的眼底在同一垂直面上,保证开挖面平整,但掏槽炮眼应比辅助炮眼眼底深 10 cm。当开挖面凸凹较大时,应根据实际情况调整炮眼深度,并相应调整装药量。

(6)周边眼宜一次同时起爆,软弱围岩段或断层处必须对爆破震动加以控制时,可分段起爆。

(7)斜眼掏槽的炮眼方向,在岩层层理或节理发育时,不得与其平行,应呈一定角度,并尽量与其垂直。

(8)开挖断面底板两隅处,应合理布置辅助眼,适当增加药量和导向空眼,消除爆破死角。

4.5.1.9　安全保证措施

本工法除遵循《水利水电工程土建施工安全技术规程》(SL 399—2007)、《安全防范工程技术标准》(GB 50348—2018)、《职业健康监护技术规范》(GBZ 188—2014)、《施工现场临时用电安全技术规范》(JGJ 46—2005)的规定要求执行外,还在安全技术、管理及现场应急处理等方面采取如下措施。

1. 安全管理措施

(1)建立完善的施工安全保证体系,加强施工作业中的安全检查,确保作业标准化、规范化。施工前应对作业人员进行安全技术交底。

(2)认真贯彻"安全第一、预防为主、综合治理"的方针。根据国家有关规定和条例,结合现场实际情况和工程特点,组成专职安全员和班组兼职安全员参加的安全生产管理网络,执行安全生产责任制,明确各级人员职责,抓好施工过程中的安全生产。

(3)爆破人员必须做到持证上岗,对未经公安部门培训的无证人员不准参加爆破工作。施工前进行安全技术交底,指导施工人员熟练掌握正确操作规程。

(4)每天做到班前 5 min 的安全技术交底,要求进入现场的施工人员须佩戴安全帽、口罩,爆破时洞口、路口设置警戒线,专人警戒。

(5)设置专职安全人员现场跟班进行安全检查。发现安全隐患和违章作业及时予以处理或制止,预防安全事故的发生。

(6)爆破物品的领用、发放必须由专人负责,签字手续齐全,账物相符,严禁私拿、私自送人,严防丢失、被盗和挪作他用,严禁炸药、雷管混放和同车运输。

(7)爆破作业现场必须统一指挥,明确分工,有组织地进行,做到统一部署,行动一致。

(8)建立严格的爆破器材清退制度,清退工作要专人负责。

2. 安全技术措施

(1)严格按设计人员提供的孔位间距、方向、深度及装药量等参数实施,严格控制一次最大起爆量,不经同意不准擅自起爆。

(2)爆破所用雷管必须经过检查试爆,电雷管须检查电阻,生铜锈的雷管严禁使用。

(3)爆破器材的领取、退还必须专人负责。

(4)禁止用翻斗车、自卸汽车、拖车、拖拉机、机动三轮车、人力三轮车、自行车和摩托车运输爆破作业器材。装卸爆破器材的地点应有明显的信号:白天应悬挂红旗和警标,夜晚应有足够的照明,并设置警卫,禁止无关人员在场,严禁摩擦、撞击、抛掷爆破器材。

(5)运输爆破器材途中不准停歇,特殊情况需要停歇时,要远离建筑物和人口稠密的地方,并由专人看管,严禁在爆破器材附近吸烟、用火。

(6)装药作业必须由具有爆破操作合格证的爆破工担任。装药区内,严禁抽烟点火,非装药人员在装药开始前,必须撤离装药地点,装药时必须检查并记录装药个数、位置,以便起爆后核对有无哑炮,并进行处理。

(7)装填炸药应根据设计要求的炸药品种、数量、位置进行。装药要分次装入,用竹、木棍轻轻压实,严禁用铁棒等金属器具或用力压入炮孔中。炮孔内不得掉入石屑。

(8)炮孔的堵塞,应保证其质量和长度,并保护好起爆网络,堵塞材料宜选用与炮孔壁摩擦力大,能结成一个整体,充填时易于密实,不漏气的材料。

(9)处理哑炮时,必须设立警戒区,禁止无关人员在附近做其他工作。如炮孔外的电线、导爆索经检查性能尚好,可以重新接线起爆。禁止拉住电雷管的脚线,把雷管从药包内拉出,禁止把药包或带雷管的药包从炮眼内掏出,禁止把残眼底部加深扩大,再装药爆破。

3. 应急措施

本工法采取事故预防与应急处置相结合的方法,确保施工安全。

(1)成立现场应急领导机构,确定应急救援医疗机构,建立可靠的通信联络系统;配备常备的急救包扎物品;选备越野性能强、有空调保暖的应急救援车辆。

(2)制订切实可行的现场应急处置方案,针对不同事故类型,制定完善的应急救治措施,规划后送路线。

(3)发生触电事故时,启动应急响应,首先切断电源或用绝缘物将伤者拖离电源,在现场附近就地抢救,待恢复意识后送医院抢救。

(4)发生爆破伤害事故时,启动应急响应,分析事故现场情况,明确救援步骤、所需设备、人员,按照预案分工实施救援。

4.5.1.10 环保措施

为确保施工现场生态环境保护,严格执行《中华人民共和国环境保护法》《中华人民共和国水污染防治法》《中华人民共和国环境噪声污染防治法》《中华人民共和国固体废物污染环境防治法》《西宁市环境保护条理》等法律和法规、国家和地方环保政策,本工法采取以下环境保护措施:

(1)成立环境保护、文明施工组织机构,在施工过程中严格遵守国家有关环境保护方面的法律、法规及有关环境保护的管理规定,建立健全环境保护的各项规章制度。

(2)对全体员工进行生态资源环境保护知识的学习培训,增强全员环保意识,施工中自觉采取有效的环保措施,使工程施工对生态环境的损害程度降到最低。

(3)掌子面施工应遵守现场各项规章制度,非施工人员严禁进入施工现场。

(4)施工现场坚持做到工完料清,垃圾、杂物集中堆放整齐,并及时处理;坚持做到场地整洁、道路平顺、排水畅通、标志醒目。

(5)机具设备定机、定人保养,并保持运行正常,机容整洁。

(6)施工现场时刻保持干净、整齐、有序,当班作业人员对此负责,附属加工厂悬挂各种材料标识牌。

(7)对废水、固体废弃物按照相关规定定点进行处置。

4.5.2 小断面隧洞支护钢拱架悬挑安装施工工法

青海省湟水北干渠扶贫灌溉二期工程(湟水北干渠)隧洞穿越地层岩性主要为泥岩、砂砾岩、泥质粉砂岩等,Ⅳ、Ⅴ类岩居多,围岩稳定性较差,且设计断面宽度为3.02 m,高度为3.12 m,城门洞形,因隧洞断面较小,大型辅助机械难以进洞,工作台车往返移动困难、拱架安装人员长时间暴露在裸露岩面下,存在很大的安全风险。项目部技术团队以问题为导向,通过反复实践,形成了小断面隧洞支护钢拱架悬挑安装施工工法。该施工工法采用的设备简单、操作方便、节能节材、安全可靠,现场适应性强,在湟水北干渠工程应用中具有明显的社会效益和经济效益。

4.5.2.1 工法特点

(1)节约成本。将隧洞开挖作业面挖斗扒渣机工作臂加装两个悬挑装置,变成钢拱架安装作业悬挑设备,对原有设备利用率高,改装成本低;半机械化作业,减少了人员投入,降低成本。

(2)缩短工期。采用机械悬挑拱架,一次安装到位,减少了由地面到工作台车,再到安装位置的人工搬运过程,提高了工作效率,缩短了工序时间。

(3)降低安全风险。避免了大量人工在裸洞环境下作业;缩短了裸洞时间,降低了裸洞冒顶、坍塌的可能性;减少了隧洞坍塌造成的人员安全风险,尤其对Ⅴ类围岩洞段,效果更加明显。

(4)绿色环保。现场扒渣机械加装悬挑装置,减少了机械投入,降低了能源消耗;机械化作业,减少了辅助材料投入,节约材料;作业人员减少,节约了人力资源,同时也减少了现场垃圾的产生量。

(5)操作简单易行。将工作面扒渣机械改装成拱架安装机械,仅加装两个支撑架,简便易行,操作时,机械在洞内仅做前后行走及工作臂升降动作,钢拱架定位准确、方便调整,施工简便,安装质量好,作业效率高,易于推广应用。

4.5.2.2 适用范围

本工法适用于围岩条件较差的小断面引水、放水隧洞初期支护钢拱架安装施工。

4.5.2.3 工艺原理

本工法的工艺原理:针对小断面隧洞空间狭小、专门机械无法摆放的现状,将隧洞掌子面扒渣或其他小型出渣设备改装,在设备的工作臂上加装支撑架,利用其行走、升降功能,以改装后支撑架挑起钢拱架拱圈部分,快速移动至设计安装部位,人工移动拱腿就位,连接法兰螺栓,然后焊接钢拱架之间的连接钢筋,完成一榀钢拱架的安装。

4.5.2.4 工艺流程

施工工艺流程如图 4-27 所示。

4.5.2.5 操作要点

1. 测量放线、标位

出渣工序完成后,首先根据图纸复核开挖断面,标定隧洞中线、腰线及边线位置,确保洞轴线不移位。在此基础上按照设计要求的钢拱架支立位置、间距,用钢卷尺及全站仪进行边拱拱脚定位放线并做好标记;用水准仪控制拱脚高程,喷漆并编号。

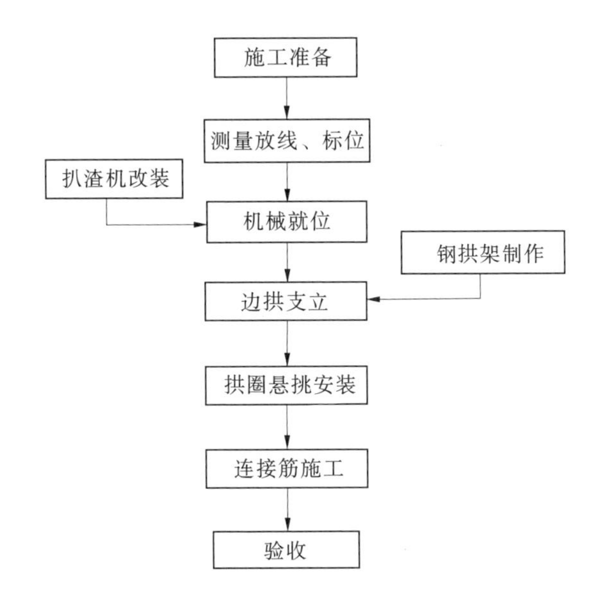

图 4-27　施工工艺流程图

2. 悬挑设备改装

首先将 50 cm×30 cm×2 cm(长×宽×厚)的钢板窄边的一端切割一个深 20 cm、宽 10 cm 的缺口(宽度根据加工钢拱架的工字钢材料尺寸调整),然后将扒渣机挖斗、钢板的窄边另一端各打三个眼,呈三角形布置,最后将钢板用螺栓固定在扒渣机挖斗侧面,挖斗两侧均按此操作,悬挑支撑架改装完成。钢拱架架设工序完成后,将悬挑支撑架卸除,扒渣机履行扒渣作业,依次循环、重复使用。改装图见图 4-28。

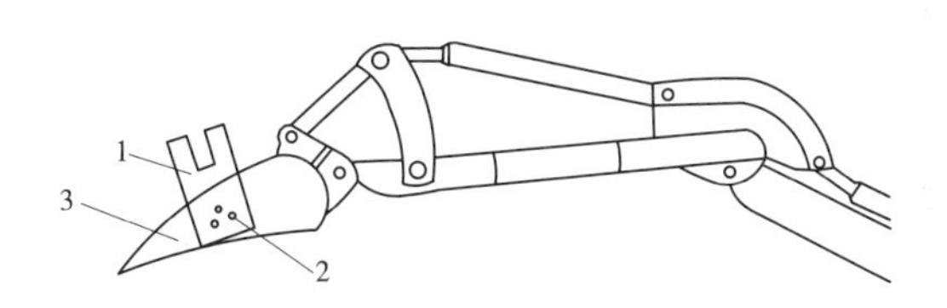

1—钢板;2—螺栓;3—扒渣机挖斗。

图 4-28　悬挑装置改装图

3. 钢拱架制作

一榀钢拱架分为一个拱圈、两个拱腿,钢拱架拱圈、拱腿之间用法兰连接。钢拱架在加工厂制作,加工前,首先将工字钢表面的油渍、铁锈等清除干净,然后由钢材弯曲机按照设计尺寸及弧度制作成拱架后，由平板车运至安装现场。

4. 边拱支立

在锚杆孔施作及钢筋网挂设完成后，首先清除拱脚位置虚渣及其他杂物，脚底超挖部分应用混凝土填充。人工将两侧边拱移至设计位置，并与岩面紧贴，用纵向连接钢筋将边拱与相邻拱架临时固定。

5. 钢拱架悬挑安装

将加工好的拱圈放在悬挑设备支撑架钢板凹槽内，支点为拱圈中部下缘，支撑稳定牢靠后，操作悬挑设备，将拱圈移动到设计位置，用两根钢管安置在支撑架底部进行支撑，防止扒渣机油缸突然卸压。拱圈到位后，将拱圈与拱腿的连接钢板用法兰螺栓进行连接。施工过程需专人指挥，随时观察，保障安全，规范施工。

6. 连接筋施工

钢拱架上下钢板法兰螺栓连接后，用 18 mm 钢筋以焊接方式将新安装钢拱架与上一榀钢拱架用连接筋进行连接，连接钢筋间隔不大于 1.0 m，并将钢筋网片与拱架焊接。同时，施作钢拱架的锁脚锚杆，将拱脚固定。钢拱架安装就位后，由两侧拱脚向上对称喷射混凝土，将钢拱架与围岩之间的间隙用喷射混凝土充填密实。

4.5.2.6　劳动力组织

劳动力组织见表 4-7。

表 4-7　劳动力组织情况

序号	人力资源	数量/人	工作任务	说明
1	管理人员	2	安全、技术	
2	焊工	1	拱架和网片焊接	安装时
3	普工	4	拱架安装	
4	机械操作员	1	操作扒渣机	辅助安装

4.5.2.7　材料与设备

1. 材料

本工法所用主要材料包括钢板、钢拱架(工字钢)、钢筋、螺栓、螺母等(见表 4-8)。

表 4-8　主要材料

序号	材料名称	材料规格	使用要求
1	钢板	Q235	表面无断痕、裂纹、锈蚀
2	工字钢	I18 型钢	表面无断痕、裂纹、锈蚀、毛刺
3	钢筋	Φ 22,HRB400	表面无断痕、裂纹、锈蚀、毛刺
4	螺栓、螺母	AM20×70　AM20	进场验收合格

2. 机具设备

本工法所配置机具设备如表 4-9 所示。

表 4-9　机具设备配置

序号	设备名称	型号	单位	数量/台	说明
1	电焊机	ZX7-300	台	1	拱架、网片连接
2	扳手	4	把	1	安装与拆卸凹形钢板
3	扒渣机	ZWY-60/15T	台	1	辅助安装
4	型钢冷弯机	20#	台	1	型钢冷弯
5	切割机		台	1	切割型钢

4.5.2.8　质量控制

1. 质量控制要求

(1) 钢拱架喷射混凝土作业应根据围岩变形特性及时施作。对设计要求铺设钢拱架部位的岩体,应严格按设计要求的轮廓线开挖。

(2) 钢拱架应根据设计图纸并考虑可能发生的超挖在专门加工厂分 3~4 段制成半成品,运至施工现场快速拼装,分段制作的半成品钢拱架,应能适应地下洞室可能发生的断面尺寸的变化。

(3) 检查钢拱架制作质量是否符合设计要求。

(4) 钢拱架安装允许偏差:横向间距和高程为±50 mm,垂直度为±2°。

(5) 钢拱架同壁面应紧密接触,与围岩的空隙应用喷射混凝土充填。

(6) 锚杆采用梅花形布置时,每榀钢拱架至少应与 3 根锚杆相连接。

(7) 钢拱架安装后,应立即铺设钢筋网并在钢拱架之间喷射混凝土,喷射混凝土厚度应根据设计或原位监测结果确定,但不应小于 70 mm。

(8)安装钢拱架的部位,应加密布设原位监测仪器,加密观测次数,及时整理观测资料,分析围岩及支护的稳定状况,必要时调整支护参数和施工方法。

2. 质量管理措施

(1)有健全的质量保证体系做支撑,质量管理过程规范。

(2)落实质量责任制度和质量奖罚制度,做到分工明确,责权清晰。

(3)严格执行"三检制",确保施工质量始终处于受控状态。

(4)施工前做好质量策划,建立施工生产例会制度和质量分析会议制度,及时排查质量隐患。

(5)坚持质量一票否决制度。

(6)施工前,必须进行技术交底。

(7)在施工过程中,确保拱架安装位置准确,误差在允许范围内。

3. 质量技术措施

(1)钢拱架严格按设计位置安设,钢拱架之间采用钢筋纵向连接,并要保证焊接质量。钢拱架安设过程中当钢拱架与围岩之间有较大的空隙时,沿钢拱架外缘每隔 2 m 应用混凝土预制块揳紧。

(2)钢拱架的拱脚采用锁脚锚杆等措施加强支承。

(3)钢拱架应尽可能多地与锚杆露头及钢筋网焊接,以增强其联合支护的效应。

(4)喷射混凝土时,要将钢拱架与岩面之间的间隙喷射饱和达到密实。

(5)喷射混凝土应分层次分段喷射完成,初喷混凝土应尽早进行"早喷锚",复喷混凝土应在量测指导下进行,即"勤量测"的基本原则,以保证喷射混凝土的复喷适时有效。

(6)型钢钢拱架应采用冷弯成型,钢拱架加工的焊接不得有假焊,焊缝表面不得有裂纹、焊瘤等缺陷。

(7)每榀钢拱架加工完成后应放在水泥地面上试拼,周边拼装允许误差为±3 cm,平面翘曲应小于 2 cm。

(8)钢拱架应在初喷混凝土后及时架设,各节钢拱架间以螺栓连接,连接板必须密贴。

(9)钢拱架安装前应清除底脚下的虚渣及杂物,钢拱架底脚应置于牢固的基础上。

4.5.2.9 安全保证措施

本工法除遵循《水利水电工程土建施工安全技术规程》(SL 399—2007)、

《安全防范工程技术标准》(GB 50348—2018)、《建筑机械使用安全技术规程》(JGJ 33—2012)、《职业健康监护技术规范》(GBZ 188—2014)、《施工现场临时用电安全技术规范》(JGJ 46—2005)规定要求执行外,还在安全技术、管理及现场应急处理等方面采取如下措施。

1. 安全管理措施

(1)建立完善的施工安全保证体系,加强施工作业中的安全检查,确保作业标准化、规范化。施工前应对作业人员进行安全技术交底。

(2)认真贯彻“安全第一、预防为主、综合治理”的方针。根据国家有关规定和条例,结合现场实际情况和工程特点,组成专职安全员和班组兼职安全员及工地安全用电负责人参加的安全生产管理网络,执行安全生产责任制,明确各级人员职责,抓好施工过程中的安全生产。

(3)施工前进行安全技术交底,指导施工人员熟练掌握正确的机械操作规程,避免机械伤人事故的发生。

(4)每天做到班前5 min的安全技术交底,要求进入施工现场人员必须佩戴安全帽,对易发生安全事故的施工进出口、十字路口设置警示标志;施工机械设置安全铭牌,重点强调,使施工人员人人具有安全意识,重视安全责任。

(5)设置专职安全人员现场跟班进行安全检查。发现安全隐患和违章作业及时予以处理或制止,预防安全事故的发生。

2. 安全技术措施

(1)作业过程中,严格按照交底要求,注意用电安全。焊接连接筋时,保证电焊机和焊接导线绝缘良好,同时电焊机必须按要求接地,并同时安装漏电保护器,潮湿地质应站在干燥的木板或绝缘板上进行焊接。

(2)洞内电源线布置合理,低压配电箱底口距地面高度1.2 m,距掌子面15 m,防止剥皮漏电,洞内所有电力设备均采用三级保护。

(3)施工前严格检查施工机具和电路,正确安装漏电保护器,防止出现漏电和机械伤人事故。

(4)拱架架立时非操作人员不得停留在掌子面,确保施工操作空间,并有专人负责指挥,统一操作,防止滑落砸伤。

(5)人员作业时必须穿工作服、戴安全帽,着装紧凑,不得留长发,防止被挂住,引起安全事故。

(6)在超过2 m的高处作业时,为高空作业,要坚决做好其临边临口的安全防护,其防护必须牢固,间距空隙均符合相关要求。

(7)施工现场电气线路及设备应设电工,负责安装、维护和管理。严禁非电工人员随意拆改。

(8)抬运钢架时人员要互相配合,上下呼应,统一指挥。

(9)车辆运输钢架时应摆放牢固,只能装一层。

3. 应急措施

本工法采取事故预防与应急处置相结合的方法,确保施工安全。

(1)成立现场应急领导机构,确定应急救援医疗机构,建立可靠的通信联络系统;配备常备的医疗药品;选备越野性能强、有空调保暖的应急救援车辆。

(2)制订切实可行的现场应急处置方案,针对不同事故类型,制定完善的应急救治措施,规划后送路线。

(3)发生触电事故时,启动应急响应,首先切断电源或用绝缘物将伤者拖离电源,在现场附近就地抢救,待恢复意识后送医院抢救。

(4)发生机械伤害事故时,启动应急响应,分析事故现场情况,明确救援步骤、所需设备、人员,按照预案分工实施救援。

4.5.2.10 环保措施

为确保施工现场生态环境保护,严格执行《中华人民共和国环境保护法》《中华人民共和国水污染防治法》《中华人民共和国环境噪声污染防治法》《中华人民共和国固体废物污染环境防治法》《西宁市环境保护条理》等法律和法规、国家和地方环保政策,本工法采取以下环境保护措施:

(1)成立环境保护、文明施工组织机构,在施工过程中严格遵守国家有关环境保护方面的法律、法规及有关环境保护的管理规定,建立健全环境保护的各项规章制度。

(2)对全体员工进行生态资源环境保护知识的学习培训,增强全员环保意识,施工中自觉采取有效的环保措施,使工程施工对生态环境的损害程度降到最低。

(3)钢拱架加工施工场地规划整齐有序,遵守现场各项规章制度,非施工人员严禁进入施工现场。

(4)施工现场坚持做到工完料清,垃圾、杂物集中堆放整齐,并及时处理;坚持做到场地整洁、道路平顺、排水畅通、标志醒目。

(5)机具设备定机、定人保养,并保持运行正常,机容整洁。

(6)施工现场时刻保持干净、整齐、有序,当班作业人员对此负责,钢筋加工厂悬挂各种材料标识牌及钢拱架大样图。

(7)钢筋加工场设废边角料回收箱,对废水、固体废弃物按照相关规定定点进行处置。

4.5.3　长距离小断面隧洞双台车跳仓一体化衬砌施工工法

一般情况下,小断面引水隧洞衬砌传统施工方法主要采用组合钢模板拼装方式,先浇筑边墙再浇筑弧顶。模板及支撑安装耗费人力物力,衬砌效率不高。

引大济湟引水隧洞工程施工工期较为紧张,同时隧洞断面小,单个工作面长,受通风、不良地质条件等因素限制,不利于隧洞开挖与衬砌同时施工,严重影响工程施工进度,为了保证合同工期,隧洞衬砌工程采用了双台车跳仓底板、边顶拱同进度衬砌快速施工技术。通过预先浇筑一个循环长度底板、双台车跳仓浇筑边顶拱快速施工技术,节约了工期与成本,对类似工程具有一定的参考价值。双台车跳仓底板、边顶拱同进度衬砌快速施工工法,在青海省湟水北干渠扶贫灌溉工程一分干第 2 标段 5 条引水隧洞的施工中大量应用,保证了施工进度,节约了成本,隧洞分部工程也比计划工期提前 2 个月完成,取得了很好的效果。

4.5.3.1　工法特点

(1)双台车跳仓浇筑工艺,采用流水组织形式,工序衔接紧凑,较单台车连续浇筑进度快。

(2)施工进度加快:遵循“分仓规划、先隔仓后补仓施工、整体成型”的原则施工,即 A 台车模板隔一仓浇一仓,B 台车随即补浇空仓位。对长距离小断面引水隧洞的适用率高,施工进度快,容易推广。

(3)降低成本:机械化程度相对较高,相比散模施工人员投入少,节约了成本,提高了工作效率。

(4)衬砌台车刚度、强度、稳定性均比散模或组合钢模板要高,可为作业人员提供安全可靠的作业环境,同时保证混凝土衬砌过程中不出现涨模跑模现象。

(5)钢模台车一体化浇筑作业,在确保涂刷脱模剂及按规范施工前提下,成型后混凝土外观质量明显较散模浇筑外观质量好。

4.5.3.2　适用范围

适用于长度在 500 m 以上、断面面积不大于 8～10 m^2 的长距离小断面引水隧洞的混凝土衬砌。

4.5.3.3　工艺原理

遵循“分仓规划、先隔仓后补仓施工、整体成型”的原则施工,先行浇筑 5 仓底板是双台车一体化浇筑的前提,在隧洞一个作业面可同步进行浇筑边顶拱、绑扎边顶拱钢筋、浇筑底板的仓号,可解决双台车隧洞内一个作业面同向同进度施工组织问题,可大大提高隧洞衬砌混凝土的浇筑进度。同时,跳仓法浇筑技术可解决超长隧洞衬砌混凝土裂缝控制和防渗问题。

4.5.3.4　工艺流程及操作要点

1. 工艺流程

长距离小断面隧洞双台车跳仓快速衬砌施工技术各工艺流程必须安排专人专职负责,严格执行各工序之间的安排。双台车施工中,所有工序包括基础清理、钢筋安装、台车就位及相关配合的车辆进出、泵机等就位。

1)准备工作

采用双台车跳仓一体化浇筑作业的前提是要有台车可连续无铺轨行走的平台,即先浇筑 5 仓底板,同时提前完成 1、2、3 仓边顶拱钢筋绑扎作业,台车安装到位。底板始终是连续不间断提前浇筑,且混凝土提高 1 个强度等级,减少行走和安装台车时的时间。

2)跳仓一体化循环作业

边顶拱浇筑始终是不连续的,即相邻两仓不同时浇筑。正式循环后底板浇筑及边顶拱钢筋绑扎均为一次施作相邻两仓。

浇筑时先 B 后 A(若先 A 后 B,先走 A 台车时,B 占据着 A 台车新仓位的搭接位置),向前推进,到各自的浇筑点后拆开泵管即快速实施,循环实施向前推进。施工中完成 2 仓边顶拱及 2 仓底板(如底板 6 和 7、边顶拱 1 和 3),为一个循环,一循环时间为 48 h。跳仓一体化循环作业图见图 4-29。

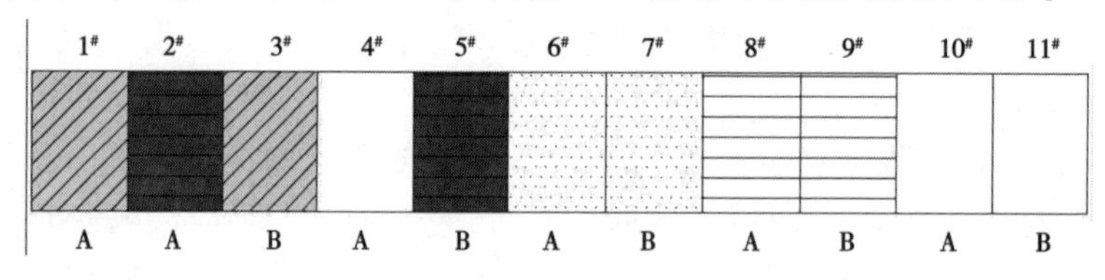

图 4-29　跳仓一体化循环作业图

第一轮:按顺序浇筑 3、1 边顶拱,6、7 号底板,完毕后运输及绑扎 5、4 号仓边顶拱钢筋。

第二轮:按顺序浇筑 2、5 边顶拱(从第三轮正常后奇数仓补奇数仓、偶数仓补偶数仓),8、9 号底板,完毕后运输及绑扎 7、6 号仓边顶拱钢筋。

第三轮:按顺序浇筑 7、4 边顶拱,10、11 号底板,完毕后运输及绑扎 9、8 号仓边顶拱钢筋。

以此类推,依次循环,形成隧洞双台车跳仓一体化作业流程。

2. 操作要点

1)基础清理

底板施工时,一次浇筑2仓(12 m/仓),底板基础清理时,人工仔细清理达到验收标准。仔细清理主要由人工进行,见图4-30。人员安排上6人/班,共2班。人员配合上采用2人/组,一人掏渣一人搬运,互相轮换作业。同一断面(Ⅴ类时最大宽度2.9 m)上布置最多3人,分前后2~3个部位清理。渣料由人工挑至仓号外,集中堆放,再由人工将渣料装三轮车,运至弃渣场。

图4-30　基础清理

2)钢筋绑扎

边顶拱钢筋:最多为Ⅴ类围岩,每12 m钢筋量2.69 t,由12人分两班,钢筋安装具体分3小组,每小组1人,每班中焊工1人,一组绑扎一组传递搬运。边顶拱钢筋安装速度12人一循环2仓,分两班,每班6人4.5 h。根据设计图,边顶拱主筋基本上没有焊接接头,仅在腰线部位有接头,采用人工绑扎搭接。另每班再增加2人为协助搬运工。边顶拱钢筋施工采用长条马凳1台,为12.0 m长工字钢架子轮式设计,方便移动操作。

底板钢筋:人工粗清底后,随即将底板钢筋运输到已浇筑底板上堆放。由于底板钢筋直、短,运输方便,运输时间1.5 h。底板细清理12 m时,开始安装第一仓底板钢筋。钢筋最多为Ⅴ类围岩,每12 m钢筋量1.15 t,由6人一班进行安装。6人分3个小组,一组2人运输,一组2人绑扎,一组(2个专业电焊工)进行焊接。由于接头不多,焊工工作不饱满时参与钢筋搬运与绑扎。工作量:24 m洞段底板钢筋6 h可以施工完毕,2 h安装模板及验收。

钢筋运输时间:由于洞内边顶拱钢筋为半圆形,钢筋制作一次成型弧形钢筋，放入运输车后一次仅能运输 1.2 t 以下，底板钢筋短、直，一次运输 1.5 t。边顶拱最多钢筋量(Ⅴ类围岩)2.69 t/仓。由于钢筋形状不规则，部分在车厢内，部分翘在车厢宽度外面，运输时需要特别小心。故一次需要运输 2 t 钢筋，满足现场施工要求。根据车辆运入洞时间为 10 min，倒车出来 20 min，一个来回时间 30 min，加上人工卸钢筋时间 30 min，合计为 1.0 h/循环。两仓钢筋运输用时 4 h。10 h 内完成 24 m 洞段钢筋施工。成型后钢筋绑扎见图 4-31。

图 4-31　钢筋绑扎

3)钢筋运输通道

底板完成后，边顶拱钢筋施工开始，底板上空是唯一的运输及人员通行通道，采用在底板上搭便桥方式解决。具体做法是：在底板钢筋安装前，先用手持式电动冲击钻在底板基岩上每隔 3 m 钻 3 个深 30 cm 的孔(等边 20 cm 长三角形布置)，在孔内放入锚固剂，再将Φ20 钢筋插入，然后将 3 根钢筋加工成钢筋桁架柱作为 50 cm(Ⅳ类 35 cm、Ⅴ类 40 cm)高的"桥墩"，顶端高于底板混凝土面 10~15 cm。用 3 根Φ16 钢筋与Φ20 钢筋焊接作为一个平面"桥台"，该"桥墩"在洞轴线上每 3 m 一排，每排 2 个，间隔 1.8 m。该"桥墩"同时也作为底板钢筋的面层筋立架使用。实际浇筑 2 仓底板共计 7 排 14 个。第一个"桥墩"距边 0.5 m，用 I16 工字钢作为"桥梁及轨道"，两工字钢中心间距 1.8 m,底部用钢筋作为夹板,压住工字钢下翼板并与“桥台”焊接。将工字钢固定在“桥台”上,工字钢轨道重复利用。运输车:用 4 个中心带槽的矿车轮,与工字钢做成的简易运输车,长 6 m,宽 2.0 m,为防止有渣体掉落破坏混凝土收面,在运输前底板上铺盖胶合板,每次运输量 1.0 t。桥墩在完成任务,混凝土底板能上人(36 h 后)后割除,将钢筋头打磨平整后涂刷环氧液防锈防冲处理。

4) 混凝土衬砌

混凝土浇筑时,先从 2# 台车开始,顺序为 2# 台车、1# 台车、底板,连续浇筑。衬砌后效果见图 4-32。

图 4-32　混凝土衬砌

底板:设计方量最大为Ⅴ类围岩,城门洞形隧洞每延米设计量 1.36 m^3,两仓 24 m 浇筑量 39.17 m^3(超填系数 1.2),混凝土水平运输采用 1 m^3 三轮罐车运输。浇筑时间计算如下:罐车进洞后需要在错车带处调头,往浇筑点倒车前进,单程行车 1 600 m,用时约 20 min,回程是往前开,时间 10 min,强制式拌和机 1 m^3 拌和时间不低于 90 s,成品料及原材料上拌和机用时 1.5 min。合计每拌制 1 m^3 用时 3.0 min。拌和机生产能力为 16 m^3/h(拌和站出力系数为 0.8)。配三台罐车运输,加上放料时间 5 min,调头、就位 4 min,罐车一往返时间为 42 min。配罐车 3 辆,即可满足要求,浇筑时间按 16 m^3/h 计算,完成 24 m 底板浇筑所需要的时间为 39.17÷16=2.4(h),取值 3 h。故浇筑 24 m 底板最不利情况(Ⅴ类围岩)下 3 h 可以浇筑完毕。故一循环中 48 h 内能完成两仓底板混凝土施工,连续不间断浇筑月强度(考虑不可预见因素,每月按

25 d 计)为 300 m/月。

边顶拱:最不利为 V 类围岩,城门洞形,每延米城门洞形设计量为 2.42 m^3,一次浇筑量为 34.85 m^3(超填系数 1.2),混凝土水平运输采用 1 m^3 三轮罐车运输。每仓边顶拱设置 4 个顶部下料点窗口,配 4 台罐车不间断运输浇筑,每仓边顶拱浇筑用时 8 h。台车脱模时间:对已浇筑的边顶拱台车脱模时间进行统计,得出在最后一个泵料口封孔后 10~12 h 即可脱模。故第一台钢模台车可在 48 h 内完成一循环,2 d 可以完成 24 m 边顶拱浇筑。(后方补仓 B 台车移动前,需前方 A 台车先移动 1 m,留出 B 台车与混凝土接触位置。A 台车移动时,离混凝土浇筑完毕时间为 12 h。)

双台车跳仓工艺紧凑、连续、不间断,在没有外界干扰、泵机无故障的情况下月浇筑强度为 360 m/月,考虑不可预见因素每月按 25 d 算则月进度为 300 m/月。

3. 与传统工艺效益对比

单台车先底板后边顶拱与双台车底、边顶拱同进度施工的进度及成本对比情况见表 4-10。

表 4-10　进度及成本对比

序号	对比项目	单台车连续施工	双台车跳仓施工	差值
1	月施工强度	14 仓(168 m)	25 仓(300 m)	
2	每 1 km 隧洞衬砌用时	179 d	100 d	79 d
3	每 1 km 投入劳动力	20 人/d×179 d	30 人/d×100 d	580 人
4	每 1 km 投入运输灌车台班数	3 台班×2/d×179 d	4 台班×2/d×100 d	274 台班
5	每 1 km 投入拌和设备台班数	1 套×2/d×179 d	1 套×2/d×100 d	258 台班

4.5.3.5　主要材料与设备表

1. 材料

本工法所用主要材料包括钢筋、混凝土、外加剂(引气减水剂)(见表 4-11)。

表4-11　主要材料

序号	材料名称	材料规格	使用要求
1	钢筋	HRB400	表面无断痕、裂纹、锈蚀
2	引气减水剂	JQ-A5	减水率不小于10%、含气量不小于3.0
3	混凝土	C25W6F200	坍落度18~21 mm,最大粒径31.5 mm

2.机具设备

本工法所配置机具设备如表4-12所示。

表4-12　机具设备配置

序号	设备名称	型号	单位	数量/台	说明
1	钢模台车	15 t	台	2	定型模板台车
2	三轮罐车	1.5 t	台	4	混凝土运输
3	拌和站	JS1000	台	1	混凝土配制
4	移动混凝土泵	HBJF-50	台	1	混凝土入仓设备

4.5.3.6　质量控制

1.质量控制标准

隧洞衬砌质量控制执行《水工混凝土施工规范》(SL 677—2014)、《水工混凝土试验规程》(SL/T 352—2020)。具体条文如下:

隧洞衬砌宜优先选用模板台车。圆形断面的隧洞衬砌宜优先选用针梁模板等模板台车。

模板台车应遵守下列规定:

(1)模板台车应有可靠的导向装置(如轨道、针梁等)。模板顶拱上应设置封拱器。

(2)模板台车脱模,直立面混凝土的强度不应小于0.8 MPa;拆模时混凝土应能承受自重,并且表面和棱角不被损坏。洞径不大于10 m的隧洞顶拱混凝土强度可按达到5.0 MPa控制;洞径大于10 m的隧洞顶拱混凝土需要达到的强度,应专门论证;隧洞混凝土衬砌结构承受围岩压力时,应经计算和试验确定脱模时混凝土需要达到的强度。

选用的运输设备,应使混凝土在运输过程中不发生泄漏、分离、漏浆、严重泌水,并减少温度回升和坍落度损失等。

应保持泵送混凝土的连续性。因故中断,混凝土泵应经常转动,间歇时间超过 45 min,应及时清除混凝土泵和输送管内的混凝土并清洗。

2. 质量管理措施

(1)有健全的质量保证体系做支撑,质量管理过程规范。

(2)落实质量责任制度和质量奖罚制度,做到分工明确,责权清晰。

(3)严格执行"三检制",确保施工质量始终处于受控状态。

(4)施工前做好质量策划,建立施工生产例会制度和质量分析会议制度,及时排查质量隐患。

(5)坚持质量一票否决制度。

(6)施工前,必须进行技术交底。

(7)在施工过程中,确保拱架安装位置准确,误差在允许范围内。

3. 质量技术措施

(1)分层分窗灌注。泵送混凝土入仓,自下而上从已灌注段接头处流向未灌注方向。充分利用钢模台车上、下两个窗口,分层对称灌注混凝土,在出料管前端加接 3~5 m 同径软管,使管口向下,避免频繁拆装泵管。

(2)安装排气管。为了保证空气能够顺利排除,确保封顶时,不出现空洞,台车就位前准确安装拱顶排气管,在堵头的最上端预留两个圆孔安装排气管(采用ϕ 50 mm 焊管)要避免其沉入混凝土之中。将排气管一端伸入模板内,且尽量靠上。

(3)采用封顶工艺。当混凝土灌注面已接近顶部(以高于模板台车顶部为界限),进入封顶阶段,浇筑封顶混凝土时尽量从内向端模方向灌注,以排除空气。随着灌注继续进行,当发现有水(实为混凝土表层的离析水、稀浆)自排水管中流出时,即说明模板内已完全充满了混凝土,停止灌注混凝土,疏通排水管和撤出泵送软管,并将挡板的圆孔堵死。

(4)后期利用排气管对拱部因混凝土收缩产生的空隙进行注浆回填,使衬砌背后充填密实。

4.5.3.7　**安全措施**

本工法除遵循《水利水电工程土建施工安全技术规程》(SL 399—2007)、《安全防范工程技术标准》(GB 50348—2018)、《建筑机械使用安全技术规程》(JGJ 33—2012)、《职业健康监护技术规范》(GBZ 188—2014)、《施工现场临时用电安全技术规范》(JGJ 46—2005)规定要求执行外,还在安全技术、管理及现场应急处理等方面采取如下措施。

1. 安全管理措施

(1)建立完善的施工安全保证体系,加强施工作业中的安全检查,确保作业标准化、规范化。施工前应对作业人员进行安全技术交底。

(2)认真贯彻“安全第一、预防为主、综合治理”的方针。根据国家有关规定和条例,结合现场实际情况和工程特点,组成专职安全员和班组兼职安全员及工地安全用电负责人参加的安全生产管理网络,执行安全生产责任制,明确各级人员职责,抓好施工过程中的安全生产。

(3)施工前进行安全技术交底,指导施工人员熟练掌握正确的机械操作规程,避免机械伤人事故的发生。

(4)做到每天班前5 min的安全技术交底,要求进入施工现场的人员必须佩戴安全帽,对易发生安全事故的施工进出口、十字路口设置警示标志;施工机械设置安全铭牌,重点强调,使施工人员人人具有安全意识,重视安全责任。

(5)设置专职安全人员现场跟班进行安全检查。发现安全隐患和违章作业及时予以处理或制止,预防安全事故的发生。

2. 安全技术措施

(1)作业过程中,严格按照交底要求,注意用电安全。焊接连接筋时,保证电焊机和焊接导线绝缘性良好,同时电焊机必须按要求接地,并同时安装漏电保护器,潮湿地质应站在干燥的木板或绝缘板上进行焊接。

(2)洞内电源线布置合理,低压配电箱底口距地面高度1.2 m,距掌子面15 m,防止剥皮漏电,洞内所有电力设备均采用三级保护。

(3)施工前严格检查施工机具和电路,正确安装漏电保护器,防止出现漏电和机械伤人事故。

(4)台车安装就位时,确保施工操作空间,并有专人负责指挥,统一操作,防止滑落砸伤。

(5)人员作业时必须穿工作服、戴安全帽,着装紧凑,不得留长发,防止被挂住,引起安全事故。

(6)在超过2 m的高处作业时,为高空作业,要坚决做好其临边临口的安全防护,其防护必须牢固,间距空隙均符合相关要求。

(7)施工现场电气线路及设备应设电工,负责安装、维护和管理。严禁非电工人员随意拆改。

(8)台车行走时人员要互相配合,前后呼应,统一指挥。

3. 应急措施

本工法采取事故预防与应急处置相结合的方法,确保施工安全。

(1)成立现场应急领导机构,确定应急救援医疗机构,建立可靠的通信联络系统;配备常备的医疗药品;选备越野性能强、有空调保暖的应急救援车辆。

(2)制订切实可行的现场应急处置方案,针对不同事故类型,制定完善的应急救治措施,规划后送路线。

(3)发生触电事故时,启动应急响应,首先切断电源或用绝缘物将伤者拖离电源,在现场附近就地抢救,待恢复意识后送医院抢救。

(4)发生机械伤害事故时,启动应急响应,分析事故现场情况,明确救援步骤、所需设备、人员,按照预案分工实施救援。

4.5.3.8 环境措施

为确保施工现场生态环境保护,严格执行《中华人民共和国环境保护法》《中华人民共和国水污染防治法》《中华人民共和国环境噪声污染防治法》《中华人民共和国固体废物污染环境防治法》《西宁市环境保护条理》等法律和法规、国家和地方环保政策,本工法采取以下环境保护措施:

(1)成立环境保护、文明施工组织机构,在施工过程中严格遵守国家有关环境保护方面的法律、法规及有关环境保护的管理规定,建立健全环境保护的各项规章制度。

(2)对全体员工进行生态资源环境保护知识的学习培训,增强全员环保意识,施工中自觉采取有效的环保措施,使工程施工对生态环境的损害程度降到最低。

(3)混凝土拌和站施工场地规划整齐有序,遵守现场各项规章制度,非施工人员严禁进入施工现场。

(4)施工现场坚持做到工完料清,垃圾、杂物集中堆放整齐,并及时处理;坚持做到场地整洁、道路平顺、排水畅通、标志醒目。

(5)机具设备定机、定人保养,并保持运行正常,机容整洁。

(6)施工现场时刻保持干净、整齐、有序,当班作业人员对此负责,钢筋加工场悬挂各种材料标识牌及钢拱架大样图。

(7)钢筋加工场设废边角料回收箱,对废水、固体废弃物按照相关规定定点进行处置。

4.6　本章小结

根据典型地质模型建立渗流数值计算模型，运用有限元软件 Midas GTS NX 模拟分析钻爆法施工过程中围岩渗流场的变化规律。对影响渗流场的因素进行分类，选取具有代表性和实用性的影响因素，运用数值方法模拟分析施工过程中渗流场对这些影响因素的敏感性，为水工隧洞钻爆法施工对围岩渗流场影响分析提供依据。介绍了零劈坡进洞、水工隧洞开挖、水工隧洞支护等施工技术。

第5章 生态修复

在隧洞开挖过程中会产生大量的弃土、弃渣。这些弃土、弃渣的运送因受到施工道路限制,运距较远、运输费用较高以及各标段施工单位之间难以配合等原因,无法保持挖填方平衡;另一方面,部分施工单位为了节省资金,没有按设计要求处理弃渣,而是将弃土、弃渣随意随坡就地堆放,堆放渣场下方既无挡土墙,上方又无截、排水沟,每遇大强度降雨,就成为产生水土流失的物源。而且,弃渣堆积体在雨水渗透后,其抗滑稳定性就大大降低,极易造成滑坡和泥石流,危及堆积体下方的建筑物和人民群众的生命安全。

5.1 生态修复工程的基本原则

根据“谁开发、谁保护,谁造成水土流失、谁治理”的原则,对大型工程产生的大量弃渣,应结合自身特点,按照《中华人民共和国森林法》和《中华人民共和国森林法实施细则》,因地制宜选择合适的生态修复原则予以治理。

(1)治理结合当地自然特点,从工程实际出发,认真贯彻“预防为主、全面规划、综合防治、因地制宜、加强管理、注重效益”的水土保持工作方针,最大限度地减少地表植被的破坏和人为造成的水土流失。防护措施要面向实际,要保障当地群众的切身利益。

(2)治理应将当前利益和长远利益相结合,国家利益和当地群众利益相结合,注重减沙效益、生态效益、社会效益、经济效益。方案编制的各种生态修复设施的可操作性要强,不仅要便于施工、便于监督检查,而且设施的运行方式要简便易行,便于当地群众管理。

(3)紧紧把握住各地的降水灌溉及土壤水分等条件,在春、秋两个季节选择有利时机进行生态修复,一般要在春季实施。

(4)治理应遵照经济合理的原则进行,争取用最少的投资,取得最大的治理效果。

5.2　生态修复的措施

弃渣绿化植物措施主要是渣场、进场公路、施工区等分区绿化,绿化方式以栽植乔木、灌木及种植草皮为主,同时包括影响区自然植被恢复。

工程道路的绿化工程,主要对道路两侧进行绿化美化,本着因地制宜,美化环境,防护道路,乔、灌、草相结合的原则进行,并通过合理的布设,高标准、高质量地整地和栽植。

5.2.1　土地修复利用

对于工程的重点防护目标,应当严格监测该阶段渣场的工程防护、土地整治、林草植被的恢复情况等。有些工程建成后,工程沿线地貌发生了很大的变化。如何按照国家规定及社会经济发展和水土保持的需求,在土地适宜性评价的基础上,确定其利用发展方向,布局水土保持措施,特别是隧洞弃渣的治理和开挖断面的防护,是水土保持和植被修复方案首先要解决的问题。因此,确定水土保持方案的土地利用方向就是确定渣场和开挖干扰区周围的土地利用方向。

5.2.1.1　渣场防治区

对于隧洞开挖的大量弃渣,近期由于岩土尚未熟化,不适宜种植任何作物或造林种草。因此,应在隧洞出口附近选择有利的沟道修建挡渣坝,储蓄弃渣,并在弃渣表面覆一定厚度的土壤,最终将建成基本农田。

渣场防治重点是水保工程防护形式和植物措施防治效果。对于弃渣量较大、河道有存储能力的河滩,修建挡渣堤,并覆土造地,发展基本农田。对于弃渣量较大,河道能就地存储的,可修建挡渣墙。发展利用方向以绿化为主,根据弃渣岩土混合物比例不同发展灌木或乔林木。对于渡槽开挖造成的岩土弃渣混合物,由于工程量较小,可就地储存弃渣,进行弃渣坡面防护,减少侵蚀。基本为土的地段,首先是种草、种灌,发展畜牧;土比例相对小的地段,以林木利用为主。种草、种灌播种量比常规要大,可条播或穴播,造林要考虑客土或带土坨等造林技术,提高成活率。

5.2.1.2　进场道路防治区

路基边坡和路堑以绿化防护为主。对工程道路设计中没有防护工程的路段,路基边坡以种草为主,路堑与工程防护相结合。进场公路关键是开挖面防护、排水设施完善情况和道路两边绿化情况。

弃渣的总体防治思路和措施布局是:①黄土丘陵沟壑区,以隧洞弃渣为重点防治对象,以工程防护为主,设计合理的渣场,并修筑挡渣坝、挡渣墙、挡渣堤等工程,最后进行渣场平整、覆土、绿化,有条件的恢复为农田。②土石山区,以隧洞开挖弃渣为防治重点。修建挡渣堤并覆土。隧洞弃渣,以工程防护为主,修建挡渣坝、挡渣墙、挡渣堤等工程,最后进行渣场平整、覆土、绿化。对挡渣坝工程可采取先绿化后经淤积发展农田的治理思路。

由于土石山区取土来源比较困难,覆土厚度可按当地具体情况确定,取土特别困难的地段,考虑覆盖易风化物或客土造林。如果条件允许,可选择荒滩弃渣,并覆土改造为农田。

5.2.2 植被修复利用

植被修复工程通过在弃土场周围人工种植草木来修复生态环境,防止水土流失。弃土场有多孔隙、欠固结的结构特点,还具有缺水、少土、易荒漠化的生态特征,而弃渣持水性能差,物理性能不良,不利于大多数植物的生长。因此,植物的选择应遵循以下几点要求:

(1)适应能力强,对于干旱、缺水等极端情况具有极强的适应性和忍耐力。

(2)具有固氮根瘤菌,可起到固氮的作用。

(3)种子发芽率强,种苗成活率高,易成活。

(4)根系发达,对弃土场不成熟土壤有一定的固定作用,防止雨水和径流冲刷,减少山体滑坡的风险,并提高土壤的蓄水保土能力,生长迅速,成熟周期短,枝繁叶茂,落叶丰富且易于分解,短期内可提高土壤的肥力。

除以上几点外,还应根据弃土场的土质选择相对应的植被结构,若以土质为主,则可采用乔、灌和草组合的植被进行防护;若以石质为主,则可采用灌、草组合进行防护,且在种植之前,对石堆台面进行覆土整治。

5.3 覆土植生技术

覆土植生是一种较简易的植被生态修复技术,它是根据边坡所在地的气候条件、土壤特点来选取适宜的草种,采用人工或机械将草籽、肥料、保水剂分别撒在经过处理并覆土后的坡面上,再浇水养护,达到稳固边坡、改善边坡生育基础的作用。因扰动坡面的土壤一般较为贫瘠,保水、保肥能力差,为提高撒播种子的发芽率,一般采取在坡面上开水平沟,在沟内施上有机肥料和保水剂后播种。覆土植生技术也常与三维土工网、无纺布等配合使用。该技术是构建具有多样性的植物群落、恢复原有自然植被的基础工程技术之一,对于公路路域、河道流域的生态系统有着极其重要的意义(许文年,2017)。

覆土植生技术施工工艺流程简单,是较易掌握的一种方法。单一草种可获得较好的草坪景观效果,多草种混播可获得抗病性、观赏性、持久性更优的植被群落。具体施工工艺流程包括:清理坡面后覆填种植土,然后进行人工或机械种子撒播;对坡面铺设覆盖物,进行洒水、病虫害防治等养护管理。覆土植生技术要点如下。

5.3.1　坡面预处理

撒播草种之前需对坡面进行预处理,既可使坡面景观均匀一致,又可给草种提供有利于萌发的立地条件,还有利于无纺布的覆盖,防止水土流失。坡度不大、坡长较短的坡面,用齿耙将土壤耙平,并捡去杂草和杂灌的残根,将坡内的石砾、砂砾以及建筑垃圾清理干净。

5.3.2　种植土填覆

若坡面土壤的土质较差,还含有大量的砂、石砾,改良土壤的作用微弱,成本也较大,可换填土质较好的种植土或农田土;若可直接使用的土壤有限,也可采用腐殖土掺合土质较差的土壤来换填。回填表土有时需要相应的加固措施。石质边坡和河道砌块护坡则必须进行覆土,以保证草种的正常出苗和健康生长。种植土填覆后需放置 20 d 左右,待雨水浇灌及自然风化使土壤密实后才可进行后续施工。

5.3.3　种子撒播

草种的选择应根据坡面情况和周边环境综合决定,优选适合当地生长、出苗较好、生长较快、固坡性能较强的草种。所选择的草种在撒播前需进行消毒,以消除草种可能带来的病毒,确保播种成功和草种质量。同时根据草种生态习性和当地气候确定播种期,以缩短建植周期。播种量大小因品种、混合组成、土壤状况和工程性质而异。播种方法的选择根据播种面积确定,首先是保证种子均匀覆盖在坡面,其次是使种子掺合到土层 1~1.5 cm 中。大面积撒播采用播种机,小面积则通常采用人力撒播。

5.3.4 养护

种子撒播后应将土壤拍紧、拍实，并每天浇水至覆填土层完全浇透，直至草苗长达3~5 cm，可适当延长浇水周期。浇水时水流应细而缓，遵循少量、多次、均匀原则。对于浇水时间，夏季应选在早晨或日落后，冬季选在中午温度较高时。

草种出苗后，要结合浇水及时施肥，促进幼苗生长健壮和横向生长。施肥最好选择在将要下雨的阴天或者一天中气温较低的时段。施肥后应及时浇水，防止烧苗现象发生。待草苗生长稳定后根据生长需要进行施肥，生长后期的施肥要遵循氮、磷、钾肥配合施用的原则。为防止侵染性强的杂草引起整个坡面植被的退化，可以采用人工除草或化学药剂除草。

适时合理地做好养护管理工作，是植物旺盛生长、增强自身抵抗能力、抑制和预防病虫害的主动措施，可以使植被群落向目标方向发展。

5.4 弃渣场生态修复技术

弃渣场生态修复需在保证渣体稳定的前提下，通过在渣脚、边坡和渣顶布设工程措施、植物措施和临时措施，达到防治水土流失、改善生态环境的目的。

5.4.1 渣脚生态修复

一般渣场渣脚生态修复以防护和拦挡为主。主要的措施有挡渣墙、拦渣坝和拦渣堤。

5.4.1.1 挡渣墙

挡渣墙的设计需充分考虑渣体堆置形式、地质条件等，根据渣场级别确定防护标准，结合渣场地形条件、水文状况选择合适的断面尺寸，并进行稳定性验算，在满足稳定安全的情况下确定挡渣墙典型断面。其设计过程大致包括地质条件分析及容量复核、工程级别确定、挡渣墙断面设计及稳定性验算、细部结构设计等四部分。

(1)地质条件分析及容量复核。根据地质资料结合现场调查分析渣场地质情况，明确渣场基础物理力学参数，评价场地稳定状况能否满足堆渣条件。结合地形图对渣场进行容量复核，初步确定堆渣边坡坡比，确定最大堆渣长度、最大宽度、渣脚和渣顶高程、渣场占地面积等。

(2)工程级别确定。根据《水电建设项目水土保持技术规范》(NB/T

10509—2021)《水利水电工程水土保持技术规范》和《开发建设项目水土保持技术规范》确定弃渣场级别和挡渣墙级别。弃渣场根据堆渣量、堆渣最大高度,以及弃渣场失事后对主体工程或环境造成的危害程度划分,挡渣墙根据弃渣场级别划分。

(3)根据建筑材料的不同,挡渣墙可分为浆砌石和混凝土两种形式,在坡地型渣场中普遍使用。

①浆砌石挡渣墙。具有就地取材、施工简单、投资较省等优点。施工时水泥砂浆一般采用强度标号 M7.5 和 M10,块石强度等级不低于 MU30。

②混凝土挡渣墙。具有强度高、稳定性好、施工方便等优点。一般采用 C15、C20 混凝土或毛石混凝土,毛石混凝土中掺入的毛石数量不得超过混凝土结构体积的 25%,毛石粒径控制在 20 cm 以内。

5.4.1.2　拦渣堤

拦渣堤用于支撑和防护堆置于河岸边或沟道边、受洪水影响的渣场,以防止渣体变形失稳或被水流、降雨等冲入河流造成淤塞。拦渣堤兼具拦渣和防洪两种功能,堤内拦渣,堤外防洪。

拦渣堤设计要点与挡渣墙基本相同,由于受洪水影响,拦渣堤需考虑洪水标准和堤脚洪水冲刷问题。

洪水标准的确定:根据《防洪标准》(GB 50201—2014)确定弃渣场防洪等级和主要建筑物级别,确定渣场防洪标准。根据《堤防工程设计规范》(GB 50286—2013)确定拦渣堤防洪标准和工程级别。

根据建筑材料的不同,拦渣堤可分为浆砌石、混凝土、格宾石笼和钢筋石笼等四种,不同材质的拦渣堤适用于不同情况的渣场。

(1)浆砌石拦渣堤:适用于淹没深度小于 3~5 m,水流流速小于 3~5 m/s 的渣场防护。其施工材料与浆砌石挡渣墙相同。

(2)混凝土拦渣堤:相对于浆砌石拦渣堤,混凝土拦渣堤抗冲刷能力更强,其适用于淹没深度大于 3~5 m,水流流速大于 5~8 m/s 的渣场防护。施工材料与混凝土挡渣墙相同。

(3)格宾石笼:格宾石笼是以由镀锌或冷拔低碳钢丝构成的格宾网为骨架,网格内填充毛石形成的笼状防护结构。其具有耐久性好,透水、排水性好,施工工艺简单、操作容易,能灵活应用于旱地及水下施工,适用于渣脚受洪水影响且流速小于 6~8 m/s 的渣场,特别适用于受施工工期、水流条件限制需水下施工的渣脚防护。施工时格宾石笼常见的尺寸有 6 cm×8 cm 和 8 cm×10 cm 两种,石笼内填充石料粒径一般为 10~20 cm,石料强度不低于 MU30。

(4)钢筋石笼:钢筋石笼是以较粗钢筋为基本骨架,以稍细钢筋护面,经焊接、填石、封口形成的一种规则箱形防护构筑物。其具有材料来源丰富、施工简单、造价低廉等特点,适用于渣脚受洪水影响且流速小于 4 m/s 的库中型和库底型渣场。施工时钢筋石笼常见尺寸有 10 cm×10 cm、15 cm×15 cm、20 cm×20 cm 三种,石笼内填充石料粒径一般为 20~40 cm,石料强度不低于 MU30。

5.4.2 坡面生态修复技术

渣体坡面生态修复措施通过维护边坡稳定、防止水流冲刷、恢复植被以防治水土流失。传统的护坡措施有浆砌石护坡、干砌石护坡、混凝土护坡、框格骨架植草护坡等,近些年随着新技术的不断运用,雷诺护垫护坡、三维植被网护坡、生态袋等护坡形式也得到了不断推广应用。

5.4.2.1 框格骨架植草护坡

框格骨架植草护坡是指采用浆砌石、混凝土等在坡面形成框架,结合铺草皮、喷播植灌草、栽植灌木、藤本植物等方法形成的一种综合护坡技术。其适用于整体稳定性较差,且前沿坡面需防护和美化的弃渣场边坡。

5.4.2.2 雷诺护垫护坡

雷诺护垫是将低碳钢丝经机器编制而成的双绞合六边形金属网格组合的工程构件,在构件中填充石料后盖板,再将雷诺护垫面板边端用钢丝连接成一体,用于边坡防护的措施。其具有柔性防护、对地基适应性强等优点,适用于对生态绿化效果要求较高的渣场边坡防护。施工时常见的雷诺护垫网孔尺寸有 6 cm×8 cm 和 8 cm×10 cm 两种,护垫厚度为 0.17 m、0.23 m 和 0.30 m,填充石料粒径为 70~150 mm。

5.4.2.3 三维植被网护坡

三维植被网护坡指利用活性植物并结合土工合成材料,在坡面构建一个具有自身生长能力的防护系统,通过植被的生长对边坡进行加固的一种植物护坡措施。三维植被网是一种类似于丝瓜瓤状的植草土工网,孔隙率大于 90%,质地疏松、柔韧,在其孔隙中填壤土、砂粒、细石和草种恢复植被。三维网底层为一个高模量基础层,强度高,可防止植被网变形和水土流失;表层为波浪起伏的网包,对覆盖于网上的客土、草籽有良好的固定作用。三维植被网护坡在安装前需进行边坡坡面平整,力求三维植被网与坡面贴平。三维植被网护坡每级坡高不超过 10 m。

5.4.2.4　生态袋护坡

生态袋护坡指利用人造土工布料制成生态袋,植被在装有土的生态袋中生长,以此进行护坡和修复环境的一种护坡技术。生态袋护坡适用于对景观要求较高的渣体边坡。施工时,生态袋中装入含砂 30%、每立方米掺入 13 kg 基肥、适合植物生长的植生土,将其按照放样位置摆放时,每摆放一层用机械夯实,袋体之间使用标准扣连接,标准扣上放水泥砂浆,每 3 层生态袋铺放一层土工格栅,最终形成完整的生态袋护坡面。

5.5　本章小结

依据相关法规规定的生态修复工程的基本原则,同时结合施工区特点,分别针对土地修复利用与植被修复利用,因地制宜地提出了相应的修复措施。

第6章　水工隧洞绿色施工评价体系

6.1　绿色施工指标体系

绿色施工并不是一个新概念,而是生态环境可持续发展思想在建设施工领域中的体现和应用。相比于国内,国外在这方面的研究开始较早,无论是学术界和工程界都对绿色环保概念比较重视。20世纪后期国外学者就提出了“生态建筑”的概念,这可以算是现代生态绿色施工技术的最早雏形。随着能源供应的日益紧张,到70年代后期,世界范围内普遍认为以能源消耗为支撑的经济发展必然不可持续,绿色环保发展模式势在必行。随后建筑施工行业应用生态环保技术的研究快速发展起来。相对于传统的施工建设模式,绿色建设施工大大降低了工程项目实施所需要的能源耗费。通过研究各种节能减排技术在建筑施工领域的应用,大大降低了建筑行业能耗,催生了智能化建筑、低能耗工程等一系列现代建筑技术的发展典范。目前,世界范围内建筑施工领域正在朝着低能耗、高质量的生态化方向发展。通过对绿色施工的理论研究和实践验证,国外学者逐步统一了对绿色施工的概念认识。在1994年美国召开的首届可持续施工全球峰会上,绿色可持续施工被定义为:在充分利用资源的基础上低能耗、低消耗、低影响、高质量地进行工程项目施工建设。可持续施工在其他国家还被称为绿色施工或者生态施工,名称有所差异但是本质上是相同的。目前欧美等世界发达国家已经制定了相关的绿色可持续施工技术标准,对具体的施工过程进行详细的指导和规范,显著地促进了绿色施工理念的推广和应用,取得了良好的经济效益和社会效益。事实上早在1993年,美国就率先成立了绿色建筑协会,对工程建筑领域中的绿色施工技术进行研究和评价,也包括对绿色建筑环保指标的分析和评估等。美国绿色建筑协会推出了一项Leadership in Eetrgy and Enrironmental Design(LEED)工具,用于评价绿色建筑技术,这是世界上最早的用于评估建筑施工绿色环保化的标准化体系。同时代的欧洲也同样提出了绿色工程发展战略,并积极倡导战略环境影响评价。进入21世纪后,欧洲国家更是对此进行立法规范,并在整个欧盟范围内推广和应用。随着生态理论的进一步发展和深入,在工程建设领域推行绿色施工已经在世界范围内达成了共识，部分国家已经开始试行立法规范，取得了显著的社会综合效益。在施工建设阶段绿色施工技术的应用更能够取得显著的生态效益。因此，国外学者和行业内部都对城市轨道交通建设中的绿色施工技术加以深入研究。

我国工程建设现代化发展时间比较短，相比国外研究，我国对工程建设生态化绿色施工技术的研究起步比较晚，研究基础还比较薄弱，目前正处于研究探索的过程当中。我国的绿色施工研究大多源自对国外研究的借鉴和对国外已有技术的应用研究。尽管我国对绿色施工技术的研究还比较薄弱，但是政府对工程项目施工的生态化管理却很早就开始了。早在 1979 年，全国人大第十一次会议就通过了我国第一部环境保护法，这是涉及工程建设绿色施工的第一部法律性文件。紧接着由国家计委联合其他相关部门发布了《基本建设项目环境保护管理办法》，对工程项目的环境保护做出了明确的法规性说明。为了进一步规范和指导建设过程中的环境保护工作，根据环境保护法和原有的《基本建设项目环境保护管理办法》，重新制定并颁发了《建设项目环境保护管理办法》。第七届人大常委会第十一次会议于 1989 年审议颁布了新的环境保护法。为了对工程建设过程中新污染的控制，国家有关部委颁发了建设项目环境保护管理条例。2014 年有着史上最严环保法之称的环境保护法修订案正式颁发。环保发展战略已经成为我国经济社会发展的重要战略，绿色施工正是这种发展战略的体现。特别是在北京举办奥运会前后，我国政府陆续出台了一系列的环保施工技术规范和管理条例，借助奥运环保理念的东风，我国工程界开始大范围推行绿色环保施工技术。目前，我国学者已经就绿色施工技术进行了广泛而深入的研究，主要有以下几个研究观点：

(1)“绿色”施工实质上是以环保和对资源的高效利用为目标，优化建筑建造与管理方案且认真履行，保证实施期间资源高效利用、人员安全及建筑物生产质量严格管控，同时把这一思想用到具体项目实施中。

(2)由叙述以往施工方法的劣势与目前绿色施工的优势，突出现阶段工程施工中尽可能以自然资源、能源的高效率利用为关键，同时以对环境友好保护为原则，追求高效益、低消耗、健康、环保，并以总体效益最大化的绿色施工模式为根本，已经成为施工技术发展的必然趋势。前面诸多研究人员、学者关于绿色施工及对绿色施工评价的研究，促进了建筑业持续健康发展。他们认为绿色施工是站在可持续发展的高度，将“绿色方式”作为一个整体，运用到工程施工中去。实施绿色施工的措施有尽可能减少场地干扰、减少污染、提高资源和材料利用效率等。

6.2 水工隧洞绿色施工指标体系建立

结合引大济湟工程水工引水隧洞实际施工特点和现场布置情况，选取评价高寒地区水工引水隧洞绿色施工指标体系。由节地、节能、节水、节材、节人力及人员保护和环境保护等组成的6个一级指标，建立一套适用于西部高寒地区水工隧洞绿色施工综合评价体系，给出相应的分级区间和具体的施工措施，结合高寒地区地域条件，针对水工隧洞绿色施工进行研究。主要的研究内容如下：

(1)分析本研究所依托工程的气候特征、自然资源、环境特点等地域条件，研究该地域条件对水工隧洞绿色施工所产生的影响(包括有利的影响和不利的影响)，同时总结水工隧洞施工过程中出现的破坏生态环境等影响。

(2)从节地、节能、节水、节材、节人力及人员保护和环境保护等6个方面进行合理分析，建立高寒地区水工隧洞绿色施工综合评价的指标体系。

(3)对高寒地区水工隧洞绿色施工评价指标的度量方法进行研究，在此基础上给出每个评价指标的量化计算公式，结合有关标准、规范确定各个评价指标的分级区间，提出相应的水工隧洞绿色施工主要措施。

西北高寒地区生态脆弱，植物缺乏，水土流失严重，所以引水隧洞的施工对环境的影响会造成不可恢复的伤害。引水隧洞施工过程中操作和管理的优化可以很大程度上减少对环境的破坏，故需要有一个综合性评价体系，具有每个方面详细的量化公式，以国内外绿色施工分级标准为基础，制定出详细的分级标准和评价等级。对于绿色施工评价，传统的绿色施工主要以“四节一环保”为基础进行评价，即节地、节水、节能、节材和环境保护(鲍学英，2016、2017；许锟，2019；杨睿，2015)。而高寒地区的绿色施工所针对的节约不能局限于传统绿色施工，还需考虑高寒地区生态脆弱，针对重点方面进行评价。

通过查阅规范及有关文献，结合引大济湟工程水工引水隧洞实际施工特点和现场布置情况，选取评价高寒地区水工引水隧洞绿色施工的评价指标，由节地、节能、节水、节材、节人力及人员保护和环境保护等组成的6个一级指标，根据国外具有代表性的BREEM法和LEED法以及国内绿色施工评价规范分级标准，确定高寒地区水工引水隧洞绿色施工评价指标分级标准，对节地(临时用地利用率、超挖控制率、挖方利用率和植被恢复率)、节能(施工用电节约率、生活用电节约率、机械设备节约率和清洁能源替代率)、节水(施工用水节约率、生活用水节约率和非传统水源使用率)、节材(实体材料节约率、周转材料使用率、材料回收重复使用率和材料本地化率）、人力资源节约及人员健康防护（人力资源节约率和人员健康防护率）和环境保护（隧洞内部 PM 值、施工垃圾排放量、废弃物分类收集率、废水处理率、通风排烟率和资源保护率）等 23 个二级指标进行量化和分级，建立适用于高寒地区水工引水隧洞绿色施工的综合性绿色施工评价体系，如表 6-1 所示。

表 6-1　高寒地区水工引水隧洞绿色施工综合性评价体系

	一级指标	二级指标	指标表示
高寒地区水工引水隧洞绿色施工综合性评价体系	土地资源节约	临时用地利用率	M_{11}
		超挖控制率	M_{12}
		挖方利用率	M_{13}
		植被恢复率	M_{14}
	能源节约与利用	施工用电节约率	M_{21}
		生活用电节约率	M_{22}
		机械设备节约率	M_{23}
		清洁能源替代率	M_{24}
	水资源节约	施工用水节约率	M_{31}
		生活用水节约率	M_{32}
		非传统水源使用率	M_{33}
	材料节约	实体材料节约率	M_{41}
		周转材料使用率	M_{42}
		材料回收重复使用率	M_{43}
		材料本地化率	M_{44}
	环境保护	隧洞内部 PM 值	M_{51}
		施工垃圾排放量	M_{52}
		废弃物分类收集率	M_{53}
		废水处理率	M_{54}
		通风排烟率	M_{55}
		资源保护率	M_{56}
	人力资源节约与人员健康防护	人力资源节约率	M_{61}
		人员健康防护率	M_{62}

6.3　高寒地区水工隧洞绿色施工等级及指标划分

当下绿色施工评价指标分级标准具有代表性的评价方法主要有国外BREEM法、LEED法和国内建筑绿色施工评价标准，在此三者基础上确定以优、良、中、差和极差五个分级标准进行打分评估，确定绿色施工级别，如表6-2所示。

表6-2　高寒地区水工隧洞绿色施工等级划分

绿色施工等级	Ⅰ级	Ⅱ级	Ⅲ级	Ⅳ级	Ⅴ级
	极差	差	中	良	优

高寒地区水工隧洞绿色施工与其他类型隧道有所不同，由于处于西北高寒地区，所以高寒地区水工引水隧洞绿色施工评价指标的选取不可直接套用铁路、公路和建筑行业体系进行评价。综合西北高寒地区气候特点，结合青海降水、植被分布等条件，确定6个一级指标和23个二级指标，主要从节地、节能、节水、节材、节人力及人员保护和环境保护等6个方面进行评价，简称"五节二保护"综合评价，用总节约率表示：

$$J = F[M_1, M_2, M_3, M_4, M_5, M_6] \tag{6-1}$$

式中：M_1为土地资源节约；M_2为能源节约与利用；M_3为水资源节约；M_4为材料节约；M_5为环境保护；M_6为人力资源节约与人员健康防护。

6.3.1　土地资源节约

西北高寒地区黄土分布广泛，土质较疏松，地表植被稀疏，土地贫瘠，降水虽少但集中，在降水作用下水土流失严重，水土流失加剧了该区域土壤贫瘠化程度，从而形成了恶性循环。水工隧洞的施工会改变土体原有应力平衡和地下水走向等，导致水土流失加重，破坏了原有生态平衡。结合水工引水隧洞施工工艺和现场条件，以土地资源节约率M_1来表示，二级评价指标包括：临时用地利用率、超挖控制率、挖方利用率和植被恢复率，如图6-1所示。

$$M_1 = f(M_{11}, M_{12}, M_{13}, M_{14}) \tag{6-2}$$

式中：M_{11}为临时用地利用率；M_{12}为超挖控制率；M_{13}为挖方利用率；M_{14}为植被恢复率。

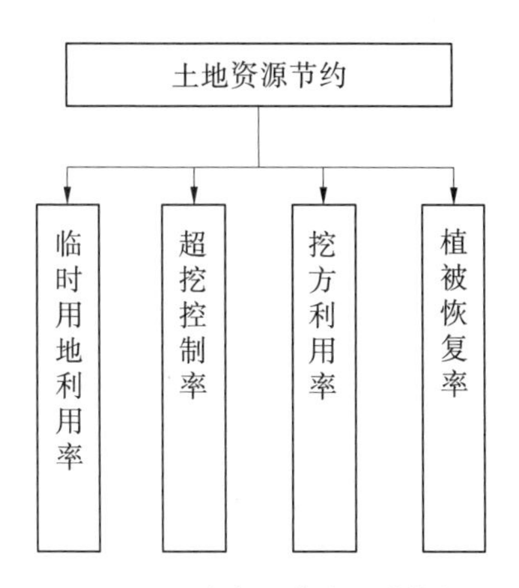

图 6-1　土地资源节约评价指标

6.3.1.1　临时用地利用率

在水工隧洞施工过程中，对于临时用地、临时设施，要按照因地制宜的基本原则进行控制，临时用地利用率 M_{11} 按式(6-3)计算：

$$M_{11}=\frac{\text{临时实际占地面积}}{\text{临时用地规划面积}}\times 100\% \tag{6-3}$$

其中，临时用地面积=生活办公占地面积+施工设施占地面积；施工设施占地面积=拌和站用地+钢筋加工场+机械设备占用地+施工道路占用地+渣土场用地+其他。

临时用地利用率指标分级标准如表 6-3 所示。

表 6-3　临时用地利用率指标分级标准

评价等级	极差	差	中	良	优
临时用地利用率/%	<60	60~70	70~80	80~90	>90

6.3.1.2　超挖控制率

超挖控制率是指水工引水隧洞开挖施工过程中，由于围岩等级差或施工工艺和现场条件不当产生土方量超挖的控制情况，反映了隧洞施工对土体的扰动情况，超挖率越大说明控制土体扰动的效果越好，超挖控制率 M_{12} 按式(6-4)计算：

$$M_{12}=\frac{\text{土方超挖量}}{\text{土方开挖总量}}\times 100\% \tag{6-4}$$

超挖控制率分级标准如表 6-4 所示。

表 6-4　超挖控制率分级标准

评价等级	极差	差	中	良	优
超挖控制率/%	<5	5~10	10~15	15~20	>20

6.3.1.3　挖方利用率

挖方利用率是指对隧洞开挖施工过程中产生的挖方量进行利用的效率，反映了水工隧洞建设对土地的利用情况，挖方利用率越高则说明土地的利用情况越好，挖方利用率 M_{13} 按式(6-5)计算：

$$M_{13} = \frac{\text{挖方回填量}}{\text{开挖总量}} \times 100\% \tag{6-5}$$

挖方利用率分级标准如表 6-5 所示。

表 6-5　挖方利用率分级标准

评价等级	极差	差	中	良	优
挖方利用率/%	<30	30~50	50~70	70~80	>80

6.3.1.4　植被恢复率

植被恢复率是指对水工引水隧洞施工过程中破坏的植被采取种植植物的措施去进行恢复的情况。植被恢复主要是针对隧洞修建完成后期的场地恢复，一般恢复要持续好多年。对植被恢复的效果用植被恢复率 M_{14} 进行表示，按式(6-6)计算：

$$M_{14} = \frac{\text{植被恢复面积}}{\text{预计恢复植被总面积}} \times 100\% \tag{6-6}$$

式中：植被恢复面积指隧洞施工完成撤场后的实际恢复面积。

植被恢复率分级标准如表 6-6 所示。

表 6-6　植被恢复率分级标准

评价等级	极差	差	中	良	优
植被恢复率/%	<60	60~75	75~85	85~95	>95

6.3.2　能源节约与利用

西北高寒地区太阳能和风能等资源丰富，水工隧洞施工中和人员生活中对能源的浪费较大，其中隧洞施工过程中主要以设备消耗、电能消耗、石油消耗为主,能源节约与利用率用 M_2 表示。二级评价指标包括:施工用电节约率、生活用电节约率、机械设备节约率和清洁能源替代率,如图6-2所示。

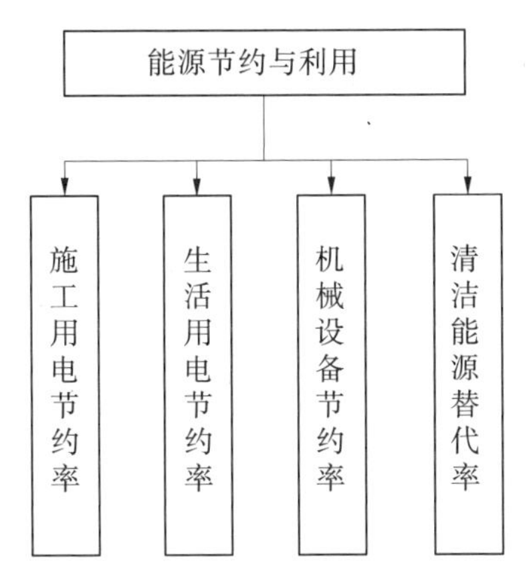

图6-2　能源节约与利用评价指标

$$M_2 = f(M_{21}, M_{22}, M_{23}, M_{24}) \tag{6-7}$$

6.3.2.1　**施工用电节约率**

施工用电节约率指水工引水隧洞施工过程中所涉及的电能利用情况,反映了施工过程中的电量节约效果,主要包括隧洞内开挖、照明、通风、支护过程中的各种用电,施工用电节约率用 M_{21} 表示,按式(6-8)进行计算:

$$M_{21} = \frac{\text{施工计划用电量} - \text{施工实际用电量}}{\text{施工计划用电量}} \times 100\% \tag{6-8}$$

施工用电节约率分级标准如表6-7所示。

表6-7　施工用电节约率分级标准

评价等级	极差	差	中	良	优
施工用电节约率/%	<10	10~15	15~20	20~25	>25

6.3.2.2　**生活用电节约率**

水工引水隧洞工程中的能源消耗除施工外,人员生活也占了很大一部分。生活中的能源消耗主要是电能,由于生活区、办公区等场所的照明系统等安装不当或员工不节制,都会导致电能无端消耗,故合理采用照明的分区、定时和自动感应等措施,以减少电能的消耗,以生活用电节约率 M_{22} 表示,按式(6-9)进行计算:

$$M_{22} = \frac{\text{分区、定时、自动感应等节能灯具数量}}{\text{生活灯具总数量}} \times 100\% \tag{6-9}$$

生活用电节约率分级标准如表 6-8 所示。

表 6-8 生活用电节约率分级标准

评价等级	极差	差	中	良	优
生活用电节约率/%	<50	50~60	60~70	70~80	>80

6.3.2.3 机械设备节约率

水工引水隧洞施工中石油的主要消耗为机械设备使用,所以隧洞施工中工序衔接、工作区域合理划分、机械设备资源共享、机械设备充分使用和载量控制等方面的优化,皆可提高机械设备对能源的使用效率,故采用机械设备节约率 M_{23} 来表示,按式(6-10)进行计算:

$$M_{23} = \frac{\text{机械设备动力节约量}}{\text{机械设备动力消耗总量}} \times 100\% \tag{6-10}$$

机械设备节约率分级标准如表 6-9 所示。

表 6-9 机械设备节约率分级标准

评价等级	极差	差	中	良	优
机械设备节约率/%	<10	10~15	15~20	20~25	>25

6.3.2.4 清洁能源替代率

高寒地区太阳能丰富,充分利用此类清洁能源是水工隧洞绿色施工过程中节能的重要体现,如太阳能热水等,以清洁能源替代率 M_{24} 表示,清洁能源替代节能效果按式(6-11)进行计算:

$$M_{24} = \frac{\text{太阳能热水等节约能量}}{\text{非太阳能热水等消耗的能量}} \times 100\% \tag{6-11}$$

清洁能源节约率分级标准如表 6-10 所示。

表 6-10 清洁能源节约率分级标准

评价等级	极差	差	中	良	优
清洁能源替代率/%	<5	5~10	10~20	20~30	>30

6.3.3 水资源节约

西北高寒地区是我国典型的缺水地区,在水工引水隧洞施工中主要用水的地方有施工用水和生活用水。施工用水有混凝土拌和站用水、车辆冲洗等。生活用水主要是人员生活起居的用水。综合考虑水工隧洞施工节水的方法，以施工用水、生活用水和非传统水源使用等 3 个方面作为高寒地区水工引水隧洞施工的节水效果评价指标，以水资源节约率 M_3 表示隧洞施工节水情况。二级评价指标包括：施工用水节约率、生活用水节约率和非传统水源使用率，如图 6-3 所示。

$$M_3 = f(M_{31}, M_{32}, M_{33}) \tag{6-12}$$

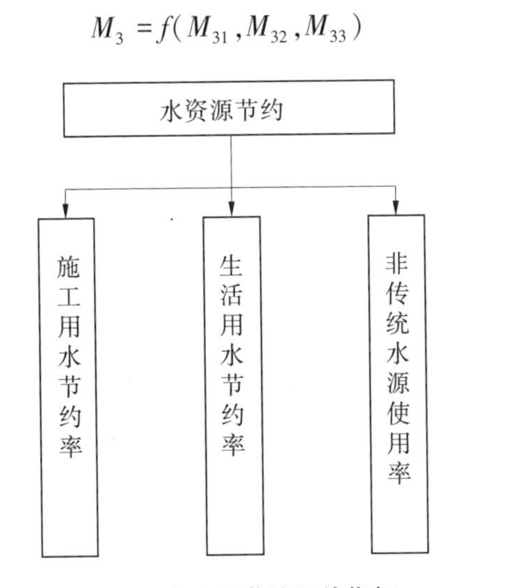

图 6-3　水资源节约评价指标

6.3.3.1　施工用水节约率

水工引水隧洞施工中的用水主要集中在混凝土浇筑和车辆冲洗上，混凝土拌和的水量有水表等设施，一般情况下可以控制，主要浪费集中在车辆冲洗等方面，所以从施工人员的操作和行为规范入手是解决施工用水浪费的首要方法。以施工用水节约率 M_{31} 表示隧洞施工节水情况，按式(6-13)进行计算：

$$M_{31} = \frac{\text{隧洞施工计划用水量} - \text{实际用水量}}{\text{隧洞施工计划用水量}} \times 100\% \tag{6-13}$$

施工用水节约率分级标准如表 6-11 所示。

表 6-11　施工用水节约率分级标准

评价等级	极差	差	中	良	优
施工用水节约率/%	<10	10~20	20~30	30~40	>40

6.3.3.2　生活用水节约率

除施工中日常用水外,人员生活中用水浪费也需考虑。施工中还可通过规范操作达到节水目的,生活中只能通过使用节水器具的方式去节约用水,减小无用消耗。以生活用水节约率 M_{32} 表示生活用水节约情况,按式(6-14)进行计算:

$$M_{32} = \frac{\text{节水器具用水总量}}{\text{生活用水器具用水总量}} \times 100\% \tag{6-14}$$

生活用水节约率分级标准如表 6-12 所示。

表 6-12　生活用水节约率分级标准

评价等级	极差	差	中	良	优
生活用水节约率/%	<60	60~70	70~80	80~90	>90

6.3.3.3　非传统水源使用率

水工引水隧洞中的非传统水源是指在引水隧洞开挖所产生的地下水、隧洞中出现的涌水、生活用水时产生的废水和雨水等。由于西北高寒地区降水量较少且集中,使用雨水也只能在特定时间段,使用生活中产生的废水不能用于施工,因为混凝土拌和需要高标准自来水,所以不考虑生活废水,故水工引水隧洞非传统水源主要包括地下水、涌水和特定时间段的雨水,以非传统水源使用率 M_{33} 表示,按式(6-15)进行计算:

$$M_{33} = \frac{\text{非传统水源使用数量}}{\text{施工用水总量}} \times 100\% \tag{6-15}$$

非传统水源使用率分级标准如表 6-13 所示。

表 6-13　非传统水源使用率分级标准

评价等级	极差	差	中	良	优
非传统水源使用率/%	<10	10~15	15~20	20~30	>30

6.3.4　材料节约

引大济湟工程投资额巨大,其中材料占很大比例,对于材料节省有很多种方法,可以通过优化支护参数等进行节约,但是将其放在绿色施工方面来说,更多的是通过管理办法提高材料利用率,达到节约材料的目的。综合水工引水隧洞施工方法,结合现场施工条件主要从实体材料节约、周转材料使用、材料回收重复利用和材料本地化等 4 个方面进行评价,以材料节约率 M_4 来表示水工引水隧洞材料的节约情况。二级评价指标包括:实体材料节约率、周转材料使用率、材料回收重复使用率和材料本地化率,如图 6-4 所示。

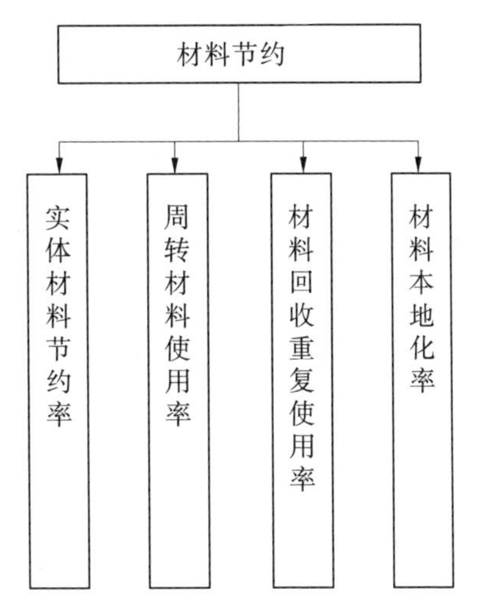

图 6-4　材料节约评价指标

$$M_4 = f(M_{41}, M_{42}, M_{43}, M_{44}) \tag{6-16}$$

6.3.4.1　实体材料节约率

水工引水隧洞施工时实体材料的消耗是不可避免的,主要包括钢拱架、超前支护、混凝土以及锚杆等材料。对于这些实体材料的利用效率很大程度上取决于施工前的规划,钢拱架等钢材切割合理性和混凝土拌和及运输使用准确性,所以进行合理规划和管理,减少实体材料浪费,会很大程度上节省成本,以实体材料节约率 M_{41} 表示,按式(6-17)进行计算:

$$M_{41} = \frac{\text{实体材料节约量}}{\text{实体材料使用总量}} \times 100\% \tag{6-17}$$

实体材料节约率分级标准如表 6-14 所示。

表 6-14　实体材料节约率分级标准

评价等级	极差	差	中	良	优
实体材料节约率/%	<5	5~10	10~20	20~30	>30

6.3.4.2　周转材料使用率

水工引水隧洞施工过程中会有一些周转使用的材料,例如二次衬砌台车以及支护中使用的一些工具配件等，如果施工过程中不重视，周转材料的损耗就会加大，材料的重复投资造成材料浪费，所以充分使用已有周转材料去提高周转材料使用效率，可以很大程度上减少投资，以周转材料使用率 M_{42} 表示，按式(6-18)进行计算：

$$M_{42}=\frac{\text{周转材料数量}\times\text{使用次数}}{\text{材料使用总次数}}\times 100\% \tag{6-18}$$

周转材料使用率分级标准如表 6-15 所示。

表 6-15　周转材料使用率分级标准

评价等级	极差	差	中	良	优
周转材料使用率/%	<30	30~40	40~50	50~60	>60

6.3.4.3　材料回收重复使用率

水工引水隧洞施工过程中会产生很多如钢材、混凝土、木材等剩余材料，若这些材料单纯以废料处理，会造成材料浪费，所以通过材料回收进行重复使用是必不可少的，故材料的回收重复利用也决定了材料的有效使用情况，以材料回收重复使用率 M_{43} 表示，按式(6-19)进行计算：

$$M_{43}=\frac{\text{材料回收及重复使用量}}{\text{材料使用总量}}\times 100\% \tag{6-19}$$

材料回收重复使用率分级标准如表 6-16 所示。

表 6-16　材料回收重复使用率分级标准

评价等级	极差	差	中	良	优
材料回收重复使用率/%	<5	5~10	10~15	15~20	>20

6.3.4.4　材料本地化率

水工引水隧洞施工材料占比较大，施工过程中材料运输成了很大的难题，运输费用高和运输路线长导致成本增加和工期延误，提高材料本地化率是势在必行的措施。材料本地化可以降低材料的采购和运输成本，同时用于引水隧洞衬砌施工的混凝土所必需的砂石料等材料本地化可保证砂石成分和含水率等参数与隧洞施工相契合，故采用材料本地化率 M_{44} 表示，按式(6-20)进行计算：

$$M_{44}=\frac{\text{本地材料使用量}}{\text{材料使用总量}}\times 100\% \tag{6-20}$$

材料本地化率分级标准如表 6-17 所示。

表 6-17　材料本地化率分级标准

评价等级	极差	差	中	良	优
材料本地化率/%	<30	30~40	40~50	50~60	>60

6.3.5　环境保护

水工引水隧洞施工过程中不可避免地对山体进行了扰动,爆破开挖时产生的有害气体严重污染了大气,也对施工人员的健康产生威胁。施工中产生的废弃物和废水排放后对土体质量和植被生长造成了不可恢复的破坏,由于地理条件差、自然生态环境脆弱、水土流失严重,施工后的山体等受到影响,会造成进一步的自然灾害,所以对高寒地区水工引水隧洞的施工来说,环境保护成了迫在眉睫的任务。综合水工隧洞的施工状况,采用环境保护处理率 M_5 来表示环境保护的程度,如式(6-21)。二级评价指标包括:隧洞内部 PM 值、施工垃圾排放量、废弃物分类收集率、废水处理率、通风排烟率和资源保护率,如图 6-5 所示。

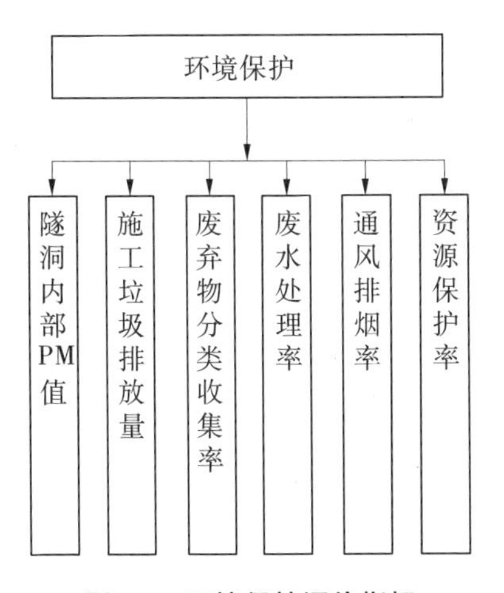

图 6-5　环境保护评价指标

$$M_5 = f(M_{51}, M_{52}, M_{53}, M_{54}, M_{55}, M_{56}) \tag{6-21}$$

6.3.5.1　隧洞内部 PM 值

水工引水隧洞施工过程中会产生大量有害气体,例如爆破开挖中产生的有害气体和大量粉尘、钢拱架安装时产生的焊烟、喷射混凝土时产生的水泥粉尘等,这些有害气体或粉尘会严重危害施工人员的健康,也会对大气造成一定的污染,故洞内的 PM 值是评价洞内空气质量的重要指标,也为后续通风排烟措施提供参考,以 PM 值 M_{51} 表示隧洞内部的空气质量。

引水隧洞施工中的 PM 值以 PM_{10}暴露浓度表示,隧洞内部空气质量情况变化范围一般为 1.16~12.5 mg/m^3,洞内 PM_{10} 分级标准如表 6-18 所示。

表 6-18　隧洞内部 PM_{10} 分级标准

评价等级	极差	差	中	良	优
隧洞内部 PM_{10}/(mg/m^3)	>12	3~12	1.4~3	1~1.4	<1

6.3.5.2　施工垃圾排放量

水工隧洞施工过程中会产生大量施工垃圾,包括混凝土剩余结块、混凝土和土的结合块等,这些垃圾的丢弃会侵入土壤,造成土质变化,导致植被破坏,故需要对施工垃圾的排放量进行限制,以施工垃圾排放量 M_{52} 表示施工垃圾的排放情况。

据《住房和城乡建设部绿色施工科技示范工程技术指标及实施与评价指南》(2019)要求:$\sum P \leqslant 200$ t/万 m^3,考虑隧洞工程实际情况,按 $\sum P \leqslant 200$ t/万 m^3 进行控制。

施工垃圾排放量分级标准如表 6-19 所示。

表 6-19　施工垃圾排放量分级标准

评价等级	极差	差	中	良	优
施工垃圾排放量/(t/万 m^3)	>200	150~200	100~150	50~100	<50

6.3.5.3　废弃物分类收集率

水工引水隧洞施工中会产生很多废弃物,主要有不可回收重复利用的施工垃圾、机械设备等产生的有毒有害垃圾(废旧电池、废机油柴油、废旧灯管等)、生活中产生的有害垃圾(墨盒、油漆涂料、挥发性化学品等),这些垃圾一方面对生态破坏非常大,造成不可恢复的环境污染;另一方面会对人员健康造成一定的威胁,所以需要对这些有毒有害废弃物进行分类收集和处理回收至特定回收站进行处理,以废弃物分类收集率 M_{53} 表示废弃物的分类收集和处理情况。

据《住和城乡建设部绿色施工科技示范工程技术指标及实施与评价指

南》(2019)要求:废弃物应分类建立相应的台账,全数进行检查,有毒、有害分类收集率必须达到100%并送专业回收点或回收单位处理。废弃量=材料进场量-使用量-库存量。

废弃物分类收集率分级标准如表6-20所示。

表6-20　废弃物分类收集率分级标准

评价等级	极差	差	中	良	优
废弃物分类收集率/%	<10	10~20	20~30	30~40	>40

6.3.5.4　废水处理率

水工引水隧洞施工过程中会产生大量废水,包括施工中混凝土拌和站产生的拌和废水、冲洗车辆时混合有害物质的废水、隧洞内部施工中混合有害物质的涌水和生活废水等,若这些废水任意排放,一方面会随着地表水进入河流等发生水质污染;另一方面会入渗至土壤内部造成土质酸碱化,破坏植物生长。所以,对废水的处理也是重中之重,需要在现场布置相应的沉淀池、化粪池、隔油池等,同时还需对处理后的废水进行检测,检测合格后才能排放。以废水处理率 M_{54} 表示对废水的处理情况。

据《住房和城乡建设部绿色施工科技示范工程技术指标及实施与评价指南》(2019)要求沉淀池、化粪池、隔油池等设置率必须达到100%;每周需要对现场排放的废水进行检测(当检测数据超标时应有说明并采取措施),所有废水检测合格后才能进行排放。

废水处理率分级标准如表6-21所示。

表6-21　废水处理率分级标准

评价等级	极差	差	中	良	优
废水处理率/%	<60	60~70	70~80	80~90	>90

6.3.5.5　通风排烟率

水工引水隧洞施工中产生的有害气体和粉尘及焊烟等会对施工人员的健康造成威胁,需要做相应的排风排烟措施,例如安装相应通风装置等,同时还有来源于工地食堂的油烟和车辆及设备尾气等,也需进行处理,以通风排烟率 M_{55} 表示气体和粉尘排放情况。

据《住房和城乡建设部绿色施工科技示范工程技术指标及实施与评价指南》(2019)要求:工地食堂油烟必须全部经油烟净化处理后才能排放,进出场车辆、设备废气达到年检合格标准,集中焊接应有焊烟净化装置。

通风排烟率分级标准如表 6-22 所示。

表 6-22 通风排烟率分级标准

评价等级	极差	差	中	良	优
通风排烟率/%	<60	60~70	70~80	80~90	>90

6.3.5.6 资源保护率

水工隧洞施工过程中会不可避免地遇到文物古迹、地下水、管线等,对于其保护也成了不可忽视的问题,以资源保护率 M_{56} 表示对文物古迹、地下管线等方面资源的保护情况。

据《住房和城乡建设部绿色施工科技示范工程技术指标及实施与评价指南》(2019)要求:隧洞施工范围内的文物、古迹、古树、名木、地下管线、地下水、土壤按相关规定保护,需达到 100%。

资源保护率分级标准如表 6-23 所示。

表 6-23 资源保护率分级标准

评价等级	极差	差	中	良	优
资源保护率/%	严重扰动 (<40)	轻微扰动 (40~60)	未扰动 (60~70)	轻微保护 (70~90)	标准保护 (>90)

6.3.6 人力资源节约与人员健康防护

水工引水隧洞工程投资很大,除材料等基本成本外,人力成本占比也很大。隧洞施工中主要包括开挖、支护、渣土运输等方面参与人员数量众多,并且施工条件差,具有一定的危险性,所以隧洞施工中合理配备人员,有效利用人力资源,可以为降低成本提供很大帮助,同时还需保障人员安全,给予施工人员相应防护措施,进行相应规范性培训提高操作水平。采用人力资源节约与职业健康安全率 M_6 表示人力资源的优化配置和人员健康安全保障情况。二级评价指标包括:人力资源节约率和人员健康防护率,如图 6-6 所示。

$$M_6 = f(M_{61}, M_{62}) \tag{6-22}$$

6.3.6.1 人力资源节约率

隧洞施工中合理利用人力资源可以使得项目利益达到最大化,同时也可以加快工期,提高工作效率,以人力资源节约率 M_{61} 表示施工中人员配置优良情况,按式(6-23)进行计算:

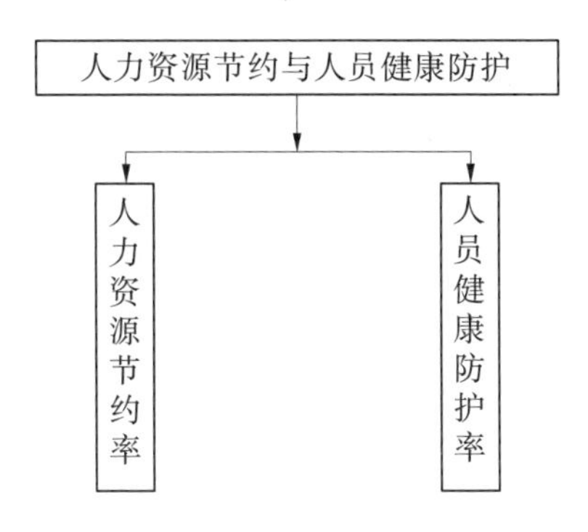

图 6-6　人力资源节约与人员健康防护评价指标

$$M_{61} = 1 - \frac{\text{实际用工量}}{\text{计划用工量}} \times 100\% \tag{6-23}$$

其中,用工量只包括各工种作业人员,不包括管理人员。

据《住房和城乡建设部绿色施工科技示范工程技术指标及实施与评价指南》(2019)要求:总用工量节约率不低于计划用工量的3%。

人力资源节约率分级标准如表6-24所示。

表 6-24　人力资源节约率分级标准

评价等级	极差	差	中	良	优
人力资源节约率/%	<15	15~30	30~45	45~60	>60

6.3.6.2　人员健康防护率

水工引水隧洞施工条件恶劣,参与人数较多,尤其是洞内比较危险,所以需要关注人员健康安全问题,把安全放在工程第一位,主要防护措施有安全帽、安全网、焊接过程中的眼镜佩戴、喷射混凝土过程中的防尘措施等,同时在施工前还需进行安全教育和操作培训,以人员健康防护率 M_{62} 表示现场人员健康防护情况。

人员健康防护率分级标准如表6-25所示。

表 6-25　人员健康防护率分级标准

评价等级	极差	差	中	良	优
人员健康防护率/%	<70	70~80	80~90	90~95	>95

评价指标的分级量表如6-26所示。

表 6-26　评价指标的分级量表

一级指标	二级指标	等级				
		极差(Ⅰ)	差(Ⅱ)	中(Ⅲ)	良(Ⅳ)	优(Ⅴ)
土地资源节约	临时用地利用率/%	<60	60~70	70~80	80~90	>90
	超挖控制率/%	<5	5~10	10~15	15~20	>20
	挖方利用率/%	<30	30~50	50~70	70~80	>80
	植被恢复率/%	<60	60~75	75~85	85~95	>95
能源节约与利用	施工用电节约率/%	<10	10~15	15~20	20~25	>25
	生活用电节约率/%	<50	50~60	60~70	70~80	>80
	机械设备节约率/%	<10	10~15	15~20	20~25	>25
	清洁能源替代率/%	<5	5~10	10~20	20~30	>30
水资源节约	施工用水节约率/%	<10	10~20	20~30	30~40	>40
	生活用水节约率/%	<60	60~70	70~80	80~90	>90
	非传统水源使用率/%	<10	10~15	15~20	20~30	>30
材料节约	实体材料节约率/%	<5	5~10	10~20	20~30	>30
	周转材料使用率/%	<30	30~40	40~50	50~60	>60
	材料回收重复使用率/%	<5	5~10	10~15	15~20	>20
	材料本地化率/%	<30	30~40	40~50	50~60	>60
环境保护	隧洞内部 PM_{10}/(mg/m^3)	>12	3~12	1.4~3	1~1.4	<1
	施工垃圾排放量/(t/万 m^3)	>200	150~200	100~150	50~100	<50
	废弃物分类收集率/%	<10	10~20	20~30	30~40	>40
	废水处理率/%	<60	60~70	70~80	80~90	>90
	通风排烟率/%	<60	60~70	70~80	80~90	>90
	资源保护率/%	严重扰动(<40)	轻微扰动(40~60)	未扰动(60~70)	轻微保护(70~90)	标准保护(>90)
人力资源节约与人员健康防护	人力资源节约率/%	<15	15~30	30~45	45~60	>60
	人员健康防护率/%	<70	70~80	80~90	90~95	>95

6.4　绿色施工评估方法选择

针对当前国内在水工隧洞高寒地区水工引水隧洞绿色施工研究方面所存在的不足，考虑到高寒地区水工隧洞绿色施工评估中信息的不确定性、未确知性，建立评价指标与高寒地区水工引水隧洞绿色施工评估体系的未确知测度模型，结合 AHP 法求出的各指标权重，求出多指标加权综合测度，从而得出基于未确知测度理论的评价模型，并以引大济湟一分干 11#隧洞为例，对高寒地区水工引水隧洞绿色施工进行研究。以弥补高寒地区水工引水隧洞绿色施工评估的研究空白，同时也为国内水工隧洞工程绿色施工管理提供借鉴。

6.4.1　建立因素集

设 $O_1,O_2,\cdots,O_n$ 代表 n 个待评价的绿色施工的隧洞工程，构成集合 $O=\{O_1,O_2,\cdots,O_n\}$ 并称为评价对象空间，任取 $O_i\in O(i=1,2,\cdots,n)$ 都有 m 个评价指标 $S_1,S_2,\cdots,S_m$，构成集合 $S=\{S_1,S_2,\cdots,S_m\}$ 称为评价指标空间，$x_{ij}(i=1,2,\cdots,n;j=1,2,\cdots,m)$ 表示第 i 个洞段 O_i 关于评价指标 S_j 的实测值。对于每一个实测值 x_{ij} 都划分成 q 个绿色施工评价等级 $C_1,C_2,\cdots,C_q$，构成集合 $E=\{C_1,C_2,\cdots,C_q\}$ 称为评价空间。其中 C_k 代表高寒地区水工引水隧洞绿色施工的第 k 个等级，k 级的绿色施工弱于 $k+1$ 级。

6.4.2　单指标未确知测度

若 $\mu_{ij}k=\mu(x_{ij}$ 属于 $C_k)$ 代表实测值 x_{ij} 隶属于第 k 个评级等级 C_k 的取值范围，同时满足：

$$0\leqslant\mu(x_{ij}\in C_k)\leqslant 1 \tag{6-24}$$

$$\mu(x_{ij}\in E)=1 \tag{6-25}$$

$$\mu[x_{ij}\in\bigcup_{l=1}^{k}C_l]=\sum_{l=1}^{k}\mu(x_{ij}\in C_l) \tag{6-26}$$

满足式(6-24)称为“归一性”，满足式(6-25)称为“可加性”。满足式(6-24)~式(6-26)则称 μ 为未确知测度，简称测度。$(\mu_{ijk})_{m\times q}$ 称为评价对象 O_i 的单指标测度评价矩阵，表示为：

$$(\mu_{ijk})_{m\times q}=\begin{bmatrix}\mu_{i11} & \mu_{i12} & \cdots & \mu_{i1q}\\ \mu_{i21} & \mu_{i22} & \cdots & \mu_{i2q}\\ \vdots & \vdots & & \vdots\\ \mu_{im1} & \mu_{im2} & \cdots & \mu_{imq}\end{bmatrix} \tag{6-27}$$

选择直线型测度函数确定各个评价对象的单指标测度评价矩阵,计算方法如下式:

$$\left.\begin{aligned}\mu_{ijk}=\mu_k(x_{ij})&=\begin{cases}\dfrac{-x_{ij}}{d_{k+1}-d_k}+\dfrac{d_{k+1}}{d_{k+1}-d_k} & (d_k<x_{ij}\leqslant d_{k+1})\\ 0 & (x_{ij}>d_{k+1})\end{cases}\\ \mu_{ij(k+1)}=\mu_{j(k+1)}(x_{ij})&=\begin{cases}\dfrac{x_{ij}}{d_{k+1}-d_k}-\dfrac{d_k}{d_{k+1}-d_k} & (d_k<x_{ij}\leqslant d_{k+1})\\ 0 & (x_{ij}\leqslant d_{k+1})\end{cases}\end{aligned}\right\} \tag{6-28}$$

式中:d_k 为评价对象实测值区间上分布的点,设第 k 个评价等级的取值区间为$[d_{k-1},d_k]$,实测值从 d_k 升高到 d_{k+1} 时,对于第 k 个评价等级的隶属度逐渐降低,至 d_{k+1} 时降为0,相应地对第 $k+1$ 个评价等级的隶属度由0增加到1。

6.4.3 多指标综合测度评价向量

若 $\mu_{ik}=\mu(O_i\in C_k)$ 表示施工洞段 O_i 的高寒地区水工隧洞绿色施工评价等级属于第 k 等级 C_k 的程度,则

$$\mu_{ik}=\sum_{j=1}^{m}\omega_j\mu_{ijk}(i=1,2,\cdots,n;j=1,2,\cdots,m;k=1,2,\cdots,q) \tag{6-29}$$

显然有 $0\leqslant\mu_{ik}\leqslant1$ 和 $\sum\limits_{k=1}^{q}\mu_{ik}=1$,所以式(6-29)为 μ_k 未确知测度,向量$\{\mu_{i1},\mu_{i2},\cdots,\mu_{iq}\}$ 为多指标综合测度评价向量。

6.4.4 置信度识别

评价空间 E 划分等级的要求,适用于置信度识别准则:设有置信度 λ,O_i 属于 C_l 类的隶属度为 μ_{il},满足 $\sum\limits_{l=1}^{m}\mu_l^i=1$。若 $C_1>C_2>\cdots>C_q$,计算:

$$k_r=\min\{k:\sum_{l=1}^{m}\mu_l^i\geqslant\lambda\quad(k=1,2,\cdots,q)\} \tag{6-30}$$

说明第 i 个隧道洞段 O_i 的绿色施工等级属于 C_{kr} 等级。实际应用中置信度要求 $\lambda \geqslant 0.5$，通常取 0.6～0.7，取 $\lambda = 0.60$。

为便于计算和构建测度函数图，对定性指标做出如下规定：Ⅰ级取 9 分，Ⅱ级取 7 分，Ⅲ级取 5 分，Ⅳ级取 3 分，Ⅴ级取 1 分。

根据式(6-28)、式(6-29)，依次构建高寒地区水工隧洞绿色施工评估中各个评价指标的测度函数图，如图 6-7 所示。

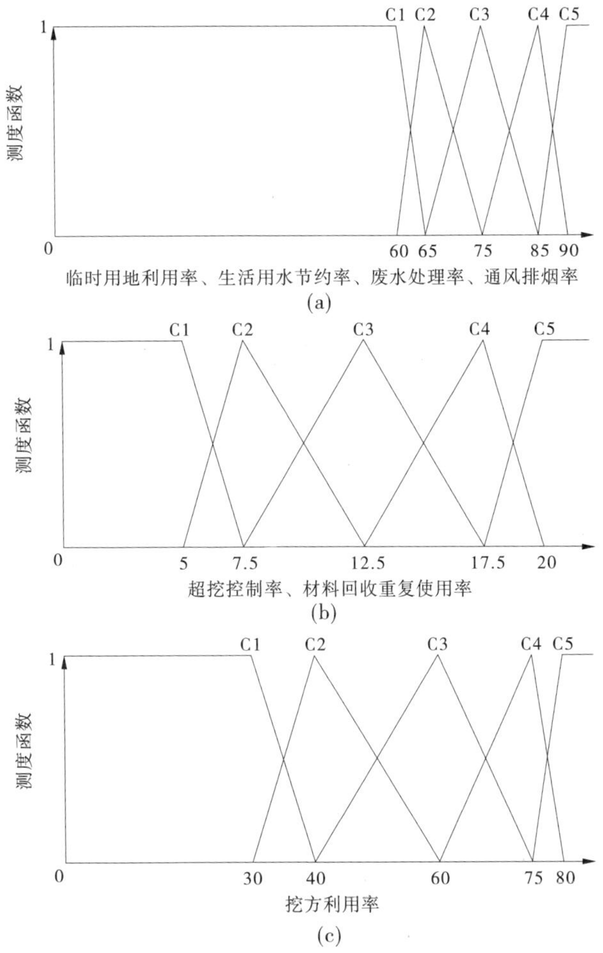

图 6-7　各项绿色施工指标的测度函数图

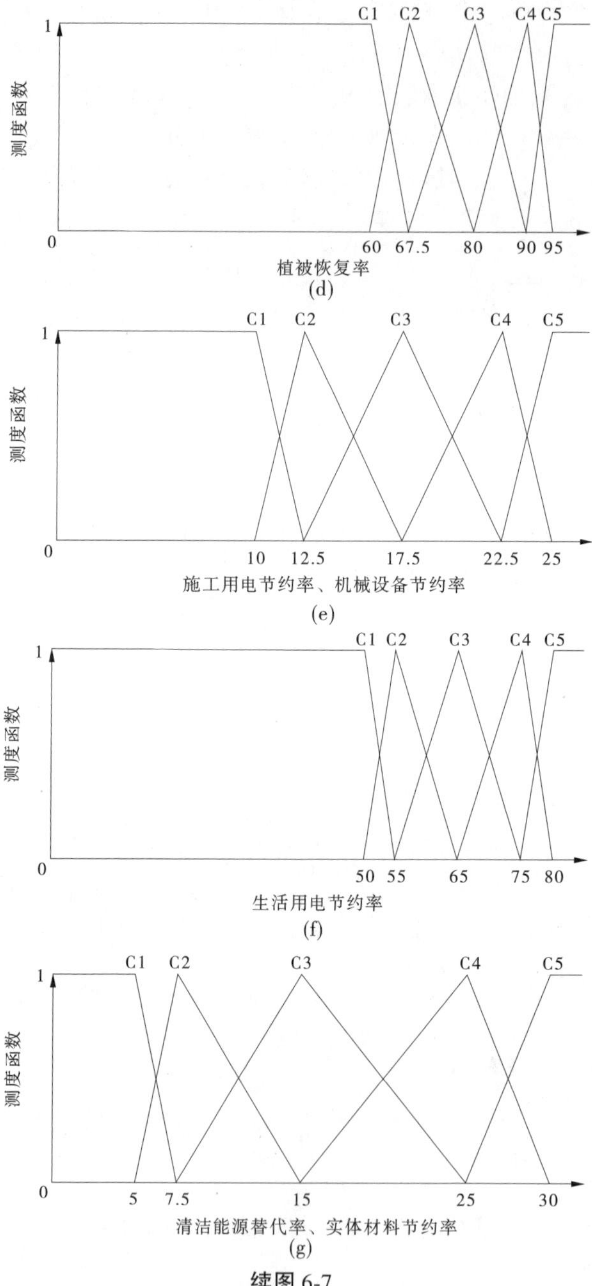
C1
C2
C3
C4
C5
1
0
测度函数
60
67.5
80
90
95
植被恢复率
(d)
C1
C2
C3
C4
C5
1
0
测度函数
10
12.5
17.5
22.5
25
施工用电节约率、机械设备节约率
(e)
C1
C2
C3
C4
C5
1
0
测度函数
50
55
65
75
80
生活用电节约率
(f)
C1
C2
C3
C4
C5
1
0
测度函数
5
7.5
15
25
30
清洁能源替代率、实体材料节约率
(g)

续图 6-7

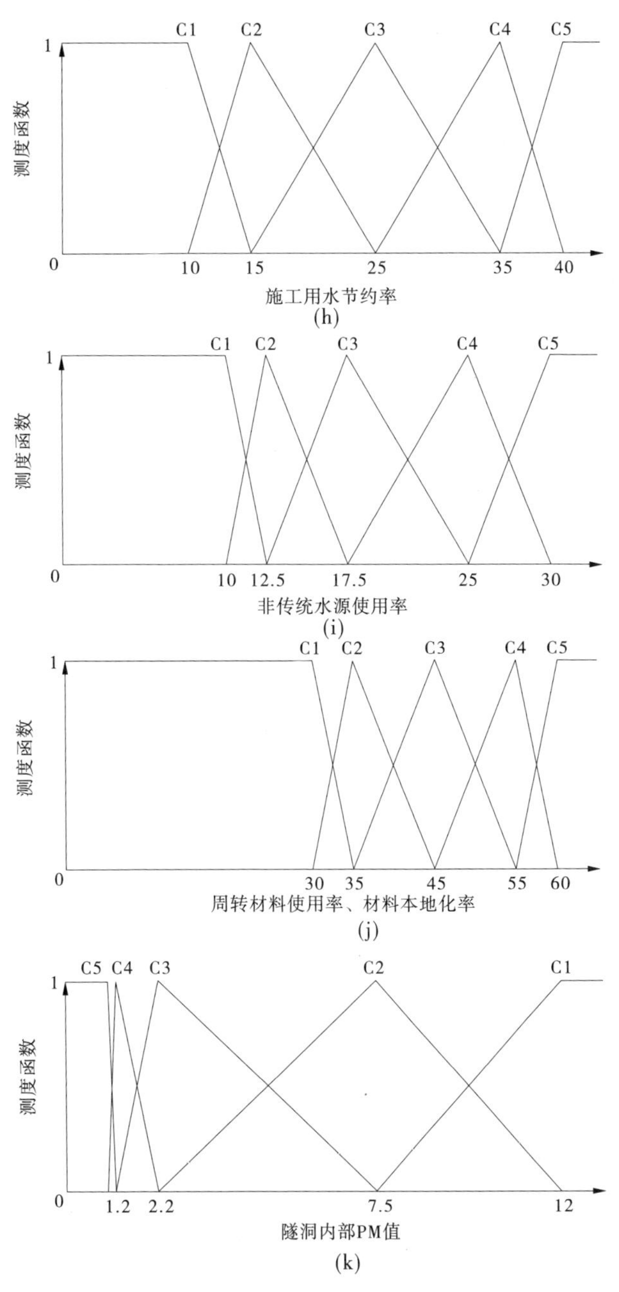
C1
C2
C3
C4
C5
1
测度函数
0
10
15
25
35
40
施工用水节约率
(h)
C1
C2
C3
C4
C5
1
测度函数
0
10
12.5
17.5
25
30
非传统水源使用率
(i)
C1
C2
C3
C4
C5
1
测度函数
0
30
35
45
55
60
周转材料使用率、材料本地化率
(j)
C5
C4
C3
C2
C1
1
测度函数
0
1.2
2.2
7.5
12
隧洞内部PM值
(k)

续图 6-7

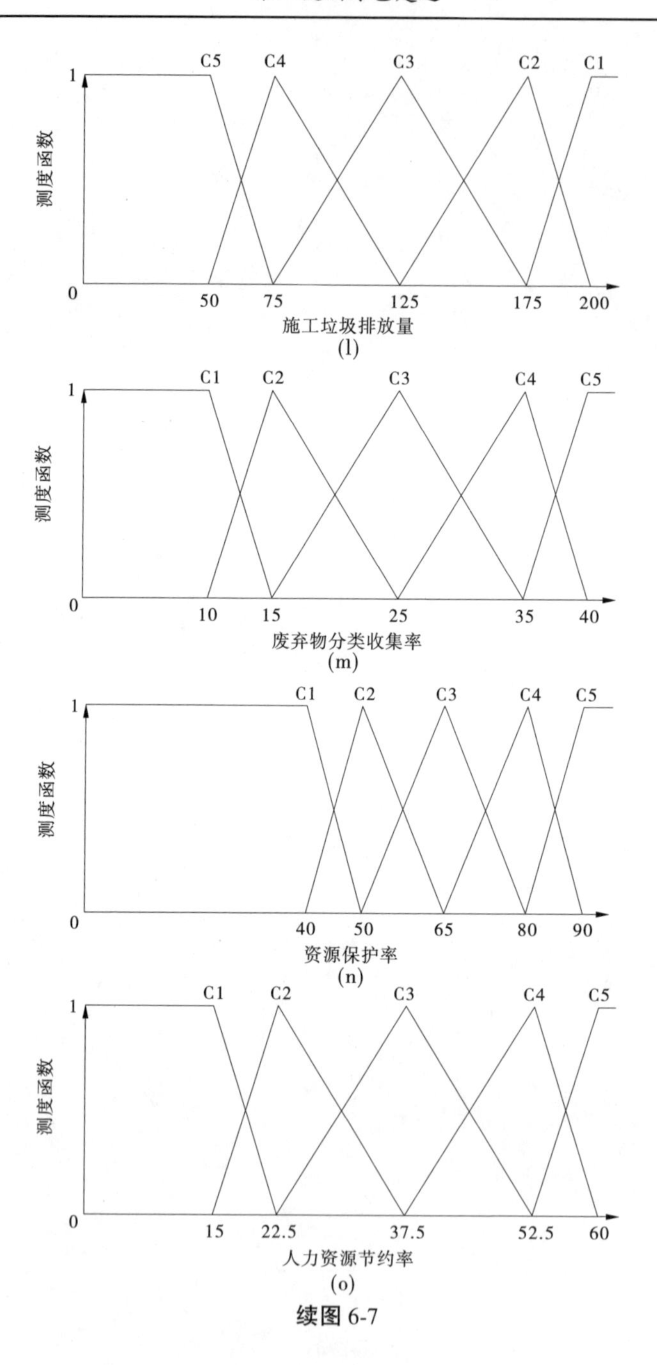
C5
C4
C3
C2
C1
1
测度函数
0
50
75
125
175
200
施工垃圾排放量
(l)
C1
C2
C3
C4
C5
1
测度函数
0
10
15
25
35
40
废弃物分类收集率
(m)
C1
C2
C3
C4
C5
1
测度函数
0
40
50
65
80
90
资源保护率
(n)
C1
C2
C3
C4
C5
1
测度函数
0
15
22.5
37.5
52.5
60
人力资源节约率
(o)

续图 6-7

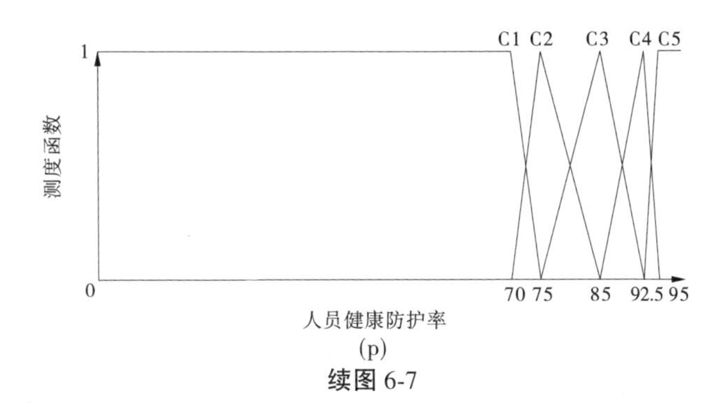

(p)
续图 6-7

6.4.5 层次分析法确定权重

6.4.5.1 确定判断矩阵

确定判断矩阵的具体分析方法如下:将 n 个评价因素排列成一个 $n \times n$ 的矩阵,再把因素两两对比,确定相互之间的重要度,并填入判断矩阵的相应位置。若一致性检验通过,则其特征向量就可以作为主观权重,见表 6-27。

表 6-27 两因素重要度比较依据

因素 u_i 和 u_j 相比较	$f(u_i,u_j)$	$f(u_j,u_i)$
u_i 比 u_j 同等重要	1	1
u_i 比 u_j 稍微重要	3	1/3
u_i 比 u_j 明显重要	5	1/5
u_i 比 u_j 强烈重要	7	1/7
u_i 比 u_j 绝对重要	9	1/9
u_i 比 u_j 处于上述两相邻判断之间	2,4,6,8	1/2,1/4,1/6,1/8

根据表 6-27,可得判断矩阵如下:

$$\boldsymbol{P} = \begin{vmatrix} p_{11} & p_{12} & \cdots & p_{1n} \\ p_{21} & p_{22} & \cdots & p_{2n} \\ \vdots & \vdots & & \vdots \\ p_{n1} & p_{n2} & \cdots & p_{nn} \end{vmatrix} \tag{6-31}$$

6.4.5.2 确定特征根

(1)计算判断矩阵每行元素的乘积 W_i,

$$W_i = \prod_{j=1}^{n} p_{ij} \quad (i,j = 1,2,\cdots,n) \tag{6-32}$$

(2)计算 W_i 的 n 次方根 W_i^0：

$$W_i^0 = \sqrt[10]{W_i} \quad (i = 1,2,\cdots,n) \tag{6-33}$$

(3)计算归一化重要度向量：

$$M = \frac{W_i^0}{\sum_{i=1}^{n} W_i^0} \quad (i = 1,2,\cdots,n) \tag{6-34}$$

(4)一致性检验

最大特征根计算如下

$$\mathrm{CI} = \frac{\lambda_{\max} - n}{n - 1} \tag{6-35}$$

在平均随机一致性指标表中,查相应的 CR,则计算 CI/CR 的值。

若 CI/CR 的比值小于 0.1,则说明判断矩阵通过了一致性检验,特征向量的各个分量可以作为相应指标的权重系数 ω。

6.5　引大济湟一分干 11# 隧洞绿色施工评价

引大济湟一分干 11#隧洞长 1 297 m,隧洞结构形式为城门洞形,全断面衬砌。11#隧洞进、出口及洞身段,隧洞进口自然边坡稳定性差,坡度一般为 40°~60°;出口自然边坡稳定,坡度一般为 10°~30°。出口段岩性表层为坡积黄土,结构松散,厚度 5~10 m,下部为洪积砂砾石,结构稍密—中密,厚度一般为 10~15 m,成分主要以花岗岩为主:下伏为白云质灰岩,岩质较坚硬,为厚层状结构,岩体完整性较好,无地下水活动,洞室稳定;洞身围岩分类以Ⅲ类围岩为主,主要工程地质问题有洞脸边坡稳定、岩溶水的涌水。隧洞围岩进、出口覆盖层为Ⅴ类,其他多以Ⅲ类为主,如图 6-8 所示。

依据水工隧洞绿色施工评价模型,对一分干 11#隧洞进行绿色施工评价,其具体的指标值由工程技术人员对 11#隧洞进行打分评价,指标值如表 6-28 所示。

图6-8　一分干11#隧洞部分照片

表 6-28　各项评价指标的实测值

一级指标	二级指标	分数	等级
土地资源节约	临时用地利用率/%	86	良(Ⅳ)
	超挖控制率/%	14	中(Ⅲ)
	挖方利用率/%	65	中(Ⅲ)
	植被恢复率/%	96	优(Ⅴ)
能源节约与利用	施工用电节约率/%	18	中(Ⅲ)
	生活用电节约率/%	85	优(Ⅴ)
	机械设备节约率/%	27	优(Ⅴ)
	清洁能源替代率/%	11	中(Ⅲ)
水资源节约	施工用水节约率/%	38	良(Ⅳ)
	生活用水节约率/%	88	良(Ⅳ)
	非传统水源使用率/%	16	中(Ⅲ)
材料节约	实体材料节约率/%	18	中(Ⅲ)
	周转材料使用率/%	38	差(Ⅱ)
	材料回收重复使用率/%	13	中(Ⅲ)
	材料本地化率/%	48	中(Ⅲ)
环境保护	隧洞内部 PM 值/(mg/m^3)	1.2	良(Ⅳ)
	施工垃圾排放量/(t/万 m^3)	66	良(Ⅳ)
	废弃物分类收集率/%	38	良(Ⅳ)
	废水处理率/%	88	良(Ⅳ)
	通风排烟率/%	91	优(Ⅴ)
	资源保护率/%	80	良(Ⅳ)
人力资源节约与人员健康防护	人力资源节约率/%	47	良(Ⅳ)
	人员健康防护率/%	97	优(Ⅴ)

将表 6-28 中的数据代入图 6-7 所确定的未确知测度函数[式(6-29)],可

得引大济湟一分干 11#隧洞的单指标测度矩阵 μ_{1jk}：

$$\mu_{1jk}=\begin{bmatrix}0&0&0&0.8&0.2\\0&0&0.7&0.3&0\\0&0&0.67&0.33&0\\0&0&0&0&1\\0&0&0.9&0.1&0\\0&0&0&0&1\\0&0&0&0&1\\0&0&0.53&0.47&0\\0&0&0&0.4&0.6\\0&0&0&0.4&0.6\\0&0.3&0.7&0&0\\0&0&0.7&0.3&0\\0&0.7&0.3&0&0\\0&0&0.9&0.1&0\\0&0&0.7&0.3&0\\0&0&0&1&0\\0.36&0.64&0&0&0\\0&0&0&0.4&0.6\\0&0&0&0.4&0.6\\0&0&0&0&1\\0&0&0&1&0\\0&0&0.37&0.63&0\\0&0&0&0&1\end{bmatrix}\tag{6-36}$$

各项指标权重统计如表 6-29 所示。

表 6-29　指标权重统计表

指标	权重 ω
临时用地利用率	0.033 0
超挖控制率	0.039 6
挖方利用率	0.047 4
植被恢复率	0.056 8

续表 6-29

指标	权重 ω
施工用电节约率	0.012 8
生活用电节约率	0.008 5
机械设备节约率	0.010 4
清洁能源替代率	0.006 9
施工用水节约率	0.003 8
生活用水节约率	0.003 3
非传统水源使用率	0.003 0
实体材料节约率	0.022 8
周转材料使用率	0.027 5
材料回收重复使用率	0.018 9
材料本地化率	0.015 6
隧洞内部 PM 值	0.082 1
施工垃圾排放量	0.167 9
废弃物分类收集率	0.143 1
废水处理率	0.099 0
通风排烟率	0.068 2
资源保护率	0.119 4
人力资源节约率	0.005 6
人员健康防护率	0.004 6

结合式(6-31)～式(6-36)可求得各项指标的权重为 ω=(0.167 9,0.143 1,0.119 4,0.099 0,0.082 1,0.068 2,0.056 8,0.047 4,0.039 6,0.033 0,0.027 5,0.022 8,0.018 9,0.015 6,0.012 8,0.010 4,0.008 5,0.006 9,0.005 6,0.004 6,0.003 8,0.003 3,0.003 0),用所得权重乘以相应的单指标测度矩阵 μ_{1ik},即可求得该隧洞的加权综合测度评价向量 $\boldsymbol{\mu}_k$=(0.060 4,0.127 6,0.131 0,0.376 6,0.304 6)。结合前文表述,取置信度 λ=0.60,按照式(6-30)描述可知 $k_r=4$,对应的引水隧洞绿色施工评价等级为Ⅳ级(良)。符合施工现场对 11#隧洞实测评价结果。

6.6　本章小结

由节地、节能、节水、节材、节人力及人员保护和环境保护等组成的6个一级指标，对其下属的23个二级指标进行量化和分级，建立了适用于高寒地区水工引水隧洞绿色施工的综合性绿色施工评价体系，利用其对引大济湟一分干11#隧洞绿色施工等级进行了评价，通过调查验证，评价结果与实际情况一致性较好。对于高寒地区其他水工隧洞绿色施工评价分析工作具有一定参考价值。

参考文献

[1] 马彦青,任智斌,赵林山,等.青海省地质工作对生态环境的影响因素浅析[J].青海国土经略,2019(6):69-77.

[2] 李万寿,贾得岩.引大济湟工程与湟水流域生态环境问题[J].水土保持通报,1999(3):9-12,64.

[3] 张国珍,崔圣达,张洪伟,等.水工隧道工程对生态环境的影响及环境效应[J].地质灾害与环境保护,2017,28(4):53-57.

[4] 方妍.国外跨流域调水工程及其生态环境影响[J].人民长江,2005(10):9-10,28.

[5] 贺振霞,鲍学英.基于直觉模糊 TOPSIS 耦合法的隧道地下水环境负效应评价研究[J].水资源与水工程学报,2020,31(6):88-94.

[6] 万炳彤,鲍学英,李爱春.隧道施工引起的地下水环境负效应评价体系研究[J].水资源与水工程学报,2019,30(5):58-63,71.

[7] 刘向远.岩溶隧道施工中地下水环境负效应评价指标体系研究[D].成都:西南交通大学,2007.

[8] 汪亚莉,许模,张强,等.云南洱海东侧引水隧道地下水环境负效应探讨[J].长江科学院院报,2016,33(2):14-18.

[9] 任秀文,彭海游,杨乐,等.重庆市隧道工程地质环境负效应评价体系[J].长江科学院院报,2016,33(8):109-113.

[10] 刘志春. 裂隙岩体水工隧洞与地下水环境相互作用机理及控制技术研究[D]. 北京:北京交通大学, 2015.

[11] 刘月,于翠松,曹升乐,等.东阿地下水源地水质综合评价方法研究[J].水资源与水工程学报,2015,26(4):99-103.

[12] 刘志春,王梦恕.石板山隧道与地下水环境相互作用评价技术研究[J].土木工程学报,2015,48(S1):321-325.

[13] 刘高,杨重存,谌文武,等.深埋长大隧道涌(突)水条件及影响因素分析[J].天津城市建设学院学报,2002(3):160-164,168.

[14] 陈引锋,王爱玲.利用钻孔资料确定降雨入渗系数[J].地下水,2008(1):37-39.

[15] 林传年,李利平,韩行瑞.复杂岩溶地区隧道涌水预测方法研究[J].岩石力学与工程学报,2008(7):1469-1476.

[16] 王增银.岩层“富水性”及评价方法探讨[J].地质科技情报,1987(3):42-44.

[17] 王勐,许兆义,王连俊,等.圆梁山毛坝向斜段隧道涌突水灾害及对地下水的影响[J].中国安全科学学报,2004(5):10-14.

[18] 蒋树屏,刘元雪,黄伦海,等. 环保型傍山隧道结构研究[J].中国公路学报,2006,19

(1):80-833.

[19] 阎亮. 不良地质条件隧道洞口段支护研究[D]. 北京:北京交通大学 2009.

[20] 王雪霁,尹冬梅. 严重偏压地形下隧道半明半暗进洞技术探讨[J]. 隧道建设,2010:30(3):246-250.

[21] 姜同虎,霍三胜,叶飞,等. 浅埋软弱破碎围岩隧道进洞施工技术研究[J]. 现代隧道技术,2011:48(3):117-122.

[22] 韩华轩,马志富. 山区高速铁路隧道高陡偏压洞口设计与实践[J]. 铁道工程学报,2015,32(12):58-62.

[23] 袁森林. 偏压隧道洞口耳墙式护拱进洞支护技术研究与应用[J]. 隧道建设,2016,36(10):1258-1262.

[24] 陈崇希,林敏. 地下水动力学[M]. 北京:中国地质大学出版社,1999.

[25] 费康,张建伟. ABAQUS 在岩土工程中的应用[M]. 北京:中国水利水电出版社,2010.

[26] 童磊. 软土浅埋水工隧洞变形、渗流及固结性状研究[D]. 杭州:浙江大学,2010.

[27] 刘建,刘丹. 渝怀铁路歌乐山水工隧洞排水的地下水环境负效应评价[J]. 现代水工隧洞技术, 2012,49(4):178-183.

[28] 王维富. 铁路水工隧洞施工环境保护、水土保持的重要性[J]. 水工隧洞建设,现代水工隧洞技术,2012,32(S2):242-245.

[29] 刘建,刘丹. 岩溶水工隧洞建设引起的地下水环境负效应研究——以铜锣山水工隧洞为例[J]. 水土保持研究,2009,16(3):268-271.

[30] 刘建,刘丹. 基于模糊层次分析法的水工隧洞工程地下水环境负效应评价[J]. 三峡环境与生态,2009,2(1):53-56.

[31] 王维富. 铁路水工隧洞施工环境保护、水土保持的重要性[J]. 水工隧洞建设,现代水工隧洞技术, 2012, 32(S2): 242-245.

[32] 鲍学英. 西北寒旱地区铁路绿色施工等级评价体系构建及应用研究[D]. 兰州:兰州交通大学,2017.

[33] 鲍学英,杨姝,王起才. 基于灰色聚类法的铁路绿色施工等级评价研究[J]. 铁道工程学报, 2016,33(7):106-110.

[34] 许锟. 西北寒旱地区铁路隧道绿色施工措施及效果评价研究[D]. 兰州:兰州交通大学,2019.

[35] 杨睿. 高速铁路建设项目区域环境影响综合评价及环境效益评判研究[D]. 北京:北京交通大学, 2015.